世界でいちばんかなしい花

それは青森の女子高生たちがペット殺処分ゼロを目指して咲かせた花

瀧 晴巳

いのちの花プロジェクト研究日誌

愛玩動物研究室のメンバーが、青森県動物愛護センターへ初めて動物の骨をもらいに行った日や、初めて骨を砕いた日、初めて花が咲いた時など、素直な気持ちとともに丁寧に、日々の活動の様子を綴っている。掲載したノートは、初代のメンバーが記した日誌の一部。

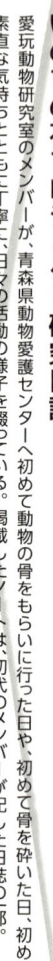

て、人が好きなん
だと実感した。
実はこんなに人懐っこい
論をしている犬↓
青森県立三本木農業高等学校
H24.4.2
24.5.20
細かい骨の中に、
存在感のある大き
な骨。
人の骨と似ていて、
生きていたことを
より一層感じら
れる。

「いのちの花プロジェクト」立ち上げメンバー

赤坂圭一《あかさかけいいち》 先生

千葉美好《ちばみずき》 さん

向井愛実《むかいまなみ》 さん

安田 凜《やすだ りん》 さん

竹ケ原春乃《たけがはらはるの》 さん

駒井樹里称《こまいじゅりな》 さん

元気に成長した
マリー・ゴールド
花と動物の命が
詰まっています。
動物の気持ち
心を配ろう
一番つらいのは
動物たち
耳を傾けよ。

H24.4.3

骨のなかに混ざっていた犬の鑑札や首輪の欠片…。
飼い主と犬を繋いでいたリードは、燃やされて、悲しい残物となりました。
大好きな動物の

青森三本木農業高校
校内MAP

校地総面積	519,783m²
周囲	約4km

撮影：平野哲郎

はじめに

「いのちの花プロジェクト」について本をつくりませんか。

最初に依頼を受けた時は、正直、ひるみました。

殺処分された犬や猫たちの骨がゴミとして捨てられている。そのことに疑問を感じた女子高生たちが、その骨を砕いて肥料にして、花を咲かせる活動をしている。

彼女たちの行動に感銘を受けながらも、それを本にするとなれば、当然、殺処分施設に取材に行かないわけにはいかない。そこにはきっと数日後に殺されてしまうかもしれない犬や猫がいるはずです。情けない話ですが、とっさに「行きたくない」、そう思ってしまった。

物心ついた時から犬が好きで、犬には特別の愛着を抱いてきました。我が家にも犬がいます。今いるシベリアンハスキーで三代目です。「しあわせはあったかい子犬」と言ったのは、スヌーピーの生みの親であるチャールズ・M・シュルツ氏ですが、日々、そう実感してきた私は、殺処分された犬たちの骨を目の当たりにするなんて、とてもじゃないけどつらすぎて耐えられそうにない気がしました。それで「少し考えさせてください」とお返事したら、しばらくして編集者から一枚のDVDが送られてきました。それは、いのちの花プロジェクトを特集した番組を録画したものでした。

プロジェクトを立ち上げたのは当時、青森県立三本木《さんぼんぎ》農業高等学校の2年生だった女の子たちでした。観ているうちに、ひとつの疑問が浮かんできました。

日本では年間、約13万頭もの犬や猫たちが殺処分されていると言います。単純計算すると一日に356頭、おおよそで4分間に1頭が殺されていることになる。そう考えると、どのくらいすさまじい数か、なんとなく想像できるのではないでしょうか。

この状況を何とかしたい。

犬や猫たちの命を救おうと、これまでもさまざまな人たちが手を尽くしてきました。たとえば「殺処分ゼロ」という目標を掲げて、それを実現させた熊本市の動物愛護センターの活動はよく知られています。あるいは今この瞬間にも里親探しに奔走されているＮＰＯの人たちや、保護犬を引き取った知り合いの顔が何人も浮かんできました。

でもふと思ったのです。もう死んでしまったたくさんの命のために何かしたいと思ったのは、もしかしたら彼女たちが初めてかもしれない。

三本木農業高等学校を訪ねたのは２０１４年の３月、まだ雪がたっぷり残っていたのを覚えています。学校につくとそのまま、校外授業で動物愛護センターに向かう2年生たちのバスに一緒に乗せてもらいました。そして彼らと一緒に殺処分施設に行き、ゴミとして処分されることになるたくさんの骨を見ました。大きな袋の口までいっぱいに入れられたそれは、埋葬してあげたくても、とても埋葬しきれないほどの本当にたくさんの骨でした。

彼女たちも、これを見たのです。こんなにもたくさんの骨を目の当たりにして、どうして花を咲かせようと思ったのか、会って聞いてみたかった。

それから季節がちょうどひとめぐりする間、何度も足を運んで、いのちの花プロジェクトを立ち上げた一期生である向井愛実《むかいまなみ》さん、千葉美好《ちばみずき》さん、竹ケ原春乃《たけがはらはるの》さん、安田凜《やすだりん》さん、駒井樹里称《こまいじゅりな》さんの5人はもちろん、生徒たちと共にこのプロジェクトを進めてきた愛玩動物研究室の赤坂圭一《あかさかけいいち》先生をはじめ、三本木農業高等学校の先生方や動物愛護センターの職員さんにも、じっくりお話をうかがいました。

そういう中で、プロジェクトの発案者である向井さんがふとした拍子に言った「大人、ふざけんな！」というダイレクトな言葉が、この本の最初のエンジンになったような気がします。何かに対してまっすぐに怒ること。おかしいと思ったことを考え続けること。そして、それを起点にして動き出すこと。「いのちの花プロジェクト」は、17歳の高校生たちの格闘の軌跡でもある。「まあいいやで流したくなかった」と言ったのは安田さんでした。人見知りでついまわりに合わせてしまいがちだった彼女にとって「いのちの花」は、そこから一歩踏み出すことでもあった。ひとりひとりにそれぞれの物語がありました。

この本は、取材したそれぞれの方たちの言葉をもとに再構成して、いのちの花プロジェクトがいかにして生まれ、彼女たちの現在とつながっているかを追いかけた一冊です。

大人、ふざけんな！

それは、死んでいった犬や猫たちのたくさんの骨を目の当たりにした時の私自身の憤りをまさに代弁してくれた言葉であり、同時に、もう大人である私はその言葉に思いっきり蹴っ飛ばされたような気持ちがしたのです。

あの骨は、ゴミじゃない。死んでいった動物たちの命です。この世界は、人間だけじゃない、たくさんの命でできている。取材しながら、いつもそのことを感じていました。殺処分を減らすためにできることがある。それは命とは何かをもっと知ることだと、私は、彼女たちに教わった気がしています。

世界でいちばんかなしい花

それは青森の女子高生たちが
ペット殺処分ゼロを目指して咲かせた花

※名称や所属は2014年9月の本書取材時の状況で表記しています。

第一章

青森県立三本木農業高等学校

千葉美好《ちばみずき》さん

三本木農業高校動物科学科愛玩動物研究室卒業生。
いのちの花プロジェクト一期生。
現在は鶏卵の選別・出荷をする会社で働いている。

あの日々を誇りに思っている

青森県立三本木《さんぼんぎ》農業高等学校（以下、三農）は、八甲田の美しい山並みを望む十和田市にある。敷地面積は東京ドーム11個分（52万平方メートル）。

とにかく広い。実習の授業で教室から一番遠くの畑まで移動しなきゃいけない時なんて遠すぎて「もう間に合わない」と、くじけそうになる。

「おー。お前たち、ダラダラ歩いてると遅刻するぞー」

「わあ、先生。乗せてー！」

「ダメダメ。ほら、先行くぞ。走れーっ」

「えーっ」

農場の先生のトラックを追いかけて走り出したものの、あっという間にぐんぐん引き離されていく。

「もう、ムリ。千葉《ちば》ちゃん、先行って」

「なんでよ」

「だって、ほら」

作業用の実習服に着替えた私たちの足元は、今日もしっかり膝まである長靴で、走るのにはまったく向いていなかった。

敷地内には、私が所属しているソフトボール部が練習を行うグラウンドはもちろん、サッカー場にラグビー場、実習用の畑や田んぼ、牛舎、鶏舎、馬場、園芸用のビニールハウス、それから寮もある。入学したての頃はあまりの広さに迷子になりかけたけど、すぐに覚えた。教室の中でやる授業より外でやる実習の方がずっと多いので、覚えなきゃ、とってもやっていけない。

空が広い。風が、草や花、動物たちの匂いを運んでくる。

この学校にいると、そういう全部がいろんなことを教えてくれる。

私が三農を志望したのは、もともと動物が好きだというのもあるけれど、お父さんもお兄ちゃんも伯父さんも三農の卒業生という生粋の三農ファミリーで育ったことが大きい。

特に三農の環境土木科を卒業して、現在は公務員をしている4つ上のお兄ちゃんの三農愛は筋金入りだ。在学中はもちろん、卒業してからも「三農は最高だ！」「お前も絶対に三農に行った方がいい」とまるで口癖のように熱く語り続けた。

春の全校田植えでは「植えろー！」の掛け声とともに、いかに早く田植えをするかを競い合い、秋の三農祭では生徒たちがつくったお米や野菜、花などを販売して収穫の喜びを分かち合う。馬学の授業では馬を乗りこなし、食品製造の実習ではハムやソーセージをつくったりする。

普通高校では体験できないことが目白押し。

お兄ちゃんが語る三農はまさに夢のパラダイス。

机にかじりつくより外で体を動かす方が性に合っている私は、すっかりその気になった。

卒業アルバムを見せてもらったら、制服のスカートも短めで、なんか自由そうでいいなあ、なんて。

実際に入学してわかったのは、三農生はほとんど一日中、実習服と長靴で過ごすってこと。

あのカワイイ制服は何だったの、マボロシ？

お兄ちゃん、聞いてないよ！

長靴だって毎日のように履くから、見た目重視のオシャレなヤツじゃ、すぐにヘタって穴が開いてしまう。そうそう買い替えてもいられないので、ホームセンターで売っている

980円の見た目はイマイチだけど、実用性重視の長靴を愛用するようになるというわけだ。おかげで土にまみれ、動物たちと向き合い、首にはタオルをぎゅっと巻いて、いわゆる女子高生のイメージからはほど遠い3年間を過ごすことになったけれど、卒業した今は、兄の気持ちがとてもよくわかる。わかりすぎるくらいだ。

三農は本当に最高だった。

春には校門から校舎まで続く長い桜並木が一斉に満開になり、夏には自分たちで植えた田んぼが青々と眩しかった。秋になれば、みんなで稲刈りをして、冬には一面の雪景色。除雪された雪でできた雪山に「よーいどん！」でよじ登って、笑った。

季節がめぐっていくことを体いっぱいで感じながら、見上げれば、空はいつもぐんと広くて、私はもう地面に土がない場所では暮らせないなあと思う。

何より赤坂《あかさか》先生、愛玩動物研究室で過ごした仲間たちと「いのちの花プロジェクト」をやり遂げたことは、きっと一生、忘れられない。

いのちの花プロジェクトをやれたことで、三農に行って本当によかったたって思えた。三農だから学べたこと、できたことがあるなって。

「やりたいことがあるなら、ちゃんと自分たちで考えろ。そしたら先生たちが全力で支えてやるから」

そう言ってくれる先生たちがいて、気持ちをひとつにできる仲間がいて、初めてできたことがある。みんなにスタンディングオベーションを送りたいくらいだ。

私は全然スゴイ人間じゃないけど、それぞれの道を歩いている今も、それは誇りだな、と思っている。

猫、捨てるべからず

「あ、また何か置いてある」

校門の前のダンボール箱を見た時、思わず声が出た。駆け寄って中を見ると案の定、まだ目も開いてない子猫が2匹。箱にはマジックで「ワタシはカワイイ猫です。誰か飼ってください」と書かれていた。

「何これ。子猫たちはこんなこと、絶対思ってないし！」

愛実《まなみ》が怒るのも無理はない。

農業高校の生徒たちなら動物が好きに違いない。ここに置いていけば何とかしてもらえるんじゃないかって、校門の前に子猫を捨てていく困った人たちが後を絶たないのだ。

「まったくしょうがないなあ。里親を探してほしいなら、せめて事前に連絡をとってから連れてきてほしいよ」

子猫たちを前に、赤坂先生もやれやれという顔でため息をつく。

「事前に連絡すればいいいんですか、先生！」

「いや、よくはないけど、黙って捨てていくことはないだろ。ああ、参ったなあ。もらってもらえそうなとこは、この間あたったばかりだし、どうするかなあ」

ここだけの話、動物科学科の生徒なら誰でも、赤坂先生の物真似ができると思う。なぜって赤坂先生には、困った時、盛大に頭をかきむしる癖があるから。「寝癖かよ！」ってツッコミを入れたくなるくらい、髪をもしゃもしゃにして悩みまくっている赤坂先生を前に、私と愛実は顔を見合わせる。

何かあると生徒以上に本気で悩んじゃう赤坂先生は、生徒たちの信頼度は抜群だ。大の犬好きで「先生の頭の中には犬のことしかないよね」「まず犬、その次が私たちでしょ」なんて生徒たちにからかわれるくらい、熱心な愛護活動で校外にも知られている。

三農には「植物科学科」「動物科学科」「農業機械科」「環境土木科」「農業経済科」「生活科学科」の6つの学科がある。

　私が学んだ「動物科学科」は、牛・豚・ニワトリなど家畜の生産・飼育や畜産の経営について学ぶ「産業動物コース」と、馬・犬・小鳥など愛玩動物の飼育について学ぶ「社会動物コース」に分かれていて、2年生になると4つの研究室のうち、どれかに所属して課題研究を行う。

「動物科学科」の2年生34人のうち、赤坂先生が担当している「愛玩動物研究室」に所属している生徒は14人。そろそろ課題研究で何をやるか、決めなければならない時期に来ていた。これまではペット用のブランクッキーの開発やわんわんフェスタ[*1]の開催などに取り組んできたけれど「何か新しい企画があれば、やってみろ」と先生にも発破をかけられていた。

　生徒たちが開発したブランクッキーは、米ぬかを使っていて、ミネラルや食物繊維が豊富なので犬のお腹にも優しい。特許も取得し、メーカーの協力で県内11店舗で販売されて好評を得ている。いっぽう、十和田市馬事公苑で開催したわんわんフェスタでは、犬の運動会を企画。「鉄ＷＡＮダッシュ」「渡る世間は犬ばかり」などユニークな名前の競技を実施して、飼い主さんと愛犬の交流を深めながら、犬のしつけ方や飼い主のマナーを指導するデモンストレーションを行ってきた。

「企画があるなら、そろそろ出せよ」

「はーい！」

「返事は短く、はい、だ」

「はいっ」


子猫たちはもらい手が見つかるまで、しばらく愛玩動物研究室の動物舎で預かることになった。私たちもみんなに呼びかけることにする。

「子猫が２匹います。誰か欲しい人いませんか」

「えー。また？」

教室がざわめく。愛玩動物について学んでいるくらいだから、もともと動物が好きで、将来は動物看護師やトリマーなど動物に関わる仕事をしたいと考えている生徒が多い。だから

＊1　わんわんフェスタ――愛犬家が互いに交流することで、犬の飼育に関する問題点などを情報交換し、また殺処分の問題も伝えていくことを目的としたイベント。三本木農業高等学校動物科学科と北里大学「北里しっぽの会」が合同で第１回（２０１１年）を立ち上げた。

こそ無責任な飼い主に対してはやり場のない憤りを感じていた。

「ほんと、頭にくる。捨てていった人を見つけたら、言ってやりたいことが山ほどあるよ」

いつになく厳しい顔で、愛実が言う。

「私、本気で殺処分とか許せないんだよね。なんで人間の都合で動物たちが死ななくっちゃならないんだって。学校に置いていく人だって同じだと思う。無責任だよ。人間の都合を動物たちに押しつけるな！」

そうだ、そうだ、と私も思う。

「まさにそれを言いたかった！」ということを言葉にしてくれる愛実は、こういう時、本当に頼もしい。

青森県だけで犬と猫、合わせると年間３４００頭以上が殺処分されているという。あまりにも数が多すぎて、ちょっと想像がつかないけれど、中には自分の都合で飼いきれなくなったペットを持ち込んでくる飼い主さんもいるらしい。そこに連れていけば殺されるかもしれないのに、どうしてそんなことができるんだろう。こうして毎日のように子猫が捨てられている現実を目の当たりにすると、愛実じゃないけど、私だって言ってやりたいことは山ほどあった。私は愛実みたいにうまい言葉を思いつくタイプじゃないけど、本気で腹を立ててるんだってことを伝えられたらいいのに。

「うちは今、アパートだから何も飼えないけど、この学校に来れば、自分も何かできるんじゃないかと思ったんだよね」

「エライなあ、愛実は」

「エラくないよ」

「エライよ。私はそんなこと考えて、三農に来なかったから」

世の中はペットブームと言われるけれど、テレビで「今、流行りの猫はコレ！」なんて特集されていたりすると、私も複雑な気持ちになる。「カワイイ！」というだけで安易に飼わないでほしい。

この間も、よちよち歩きの子猫たちが車にひかれそうになっていたのを、ソフトボール部の先輩と間一髪、救出したばかりだった。

「あ、子猫がいる」

「あっちにも」

1匹、2匹と慌てて拾って歩いていったら、校門の前にまたもやダンボール箱があって、中にもまだ2匹いた。

「ミャア」

柔らかくてあったかい小さな命。

朝練があるので早く来たからよかったようなものの、学校の目の前は車が行き交うバス通りだし、近くには踏切だってある。こんなところにホイホイ置いていかれたんじゃ危なくってしょうがない。

いっそ校門の前に「猫、捨てるべからず」って立札でも立てておいた方がいいんじゃないだろうか。けど、そうしたら行き場をなくした子猫たちはどうなってしまうんだろう。

愛玩動物研究室

校舎の裏手にある愛玩動物研究室の動物舎には犬が3匹、猫が2匹、うさぎに孔雀、ミニブタにポニーまでいて、愛玩動物研究室の2年生が朝夕、交代で世話をしている。

「わあ、ちっちゃい。こんなカワイイ子をなんで捨てるかなあ」

今朝もまた猫が捨てられていたと聞きつけ、さっそく樹里称《じゅりな》がのぞきに来た。

樹里称のうちではシーズーと豆柴を飼っている。その豆柴も、かつて学校に捨てられていた犬だ。

「樹里祢、昨日の放課後、また先生に呼び出されてたでしょ」

仲のいい春乃《はるの》に痛いところを突かれても、子猫に頬ずりしている樹里祢にはちっとも気にならないみたいだ。

「人聞きが悪い。あたしはただ牛が大好きだから牛舎で寝てただけだもん」

「農場の先生も呆れてたよ。また樹里祢が授業を抜け出して牛舎にいたって。あんなところで昼寝してたら、いつか牛に踏みつぶされちゃうよ」

「あ、それはない。絶対にないね」

「なんでそんなことわかるのよ」

「だって牛、優しいもん。目を見れば、樹里祢にはちゃんとわかる」

出たよ！

いつだってマイペースの樹里祢は、見た目もちょっと派手で目立つタイプ。でもその実態は、牛にはモーと寄り添い、猫にはネコナデ声を出し、犬に吠えられれば負けずに吠え返す野生児そのもの。人間相手でも言いたいことをハッキリ口にするので、先生にも一目置かれているところがあった。

赤坂先生が愛犬のルークを学校に連れてきた時のことはちょっと忘れられない。

ボーダーコリーのルークは、フリスビー・ドッグとして競技用に訓練されているので、思いっきり投げたフリスビーよりも高く跳ぶことができた。

「うおー、スゲー!」

さっそく大技を決めてみせたルークに男子は大興奮。

赤坂先生としてはフリスビー・ドッグの訓練を通して犬の正しいしつけ方を教えるつもりだった。ところがルークときたら、赤坂先生の言うことならよく聞くのに、生徒たちには警戒心むき出しで威嚇してくる。

あのジャンプ力で飛びついてこられたら、たまらない。

おまけに子犬の頃のなごりなのか、この頃、ルークには噛み癖があった。

「犬はこっちのことをよく見てるからな。ちゃんと接してやれば、ちゃんとわかる」

赤坂先生はそう言うけど、へたに近づいたらガブリとやられそう。

触らぬ神に祟りなし。恐れをなしてほとんどの生徒が遠巻きにしている中、白羽の矢を立てられたのが、こういう時でもひとり平然としている樹里称だった。

「よし、樹里称。お前、ルークのリードを持ってみろ」

「はいっ」

自信満々で進み出た樹里称のかかとをルークがいきなりガブリとやった時は、長靴だったからよかったようなものの、さすがの先生もひやりとしたんじゃないか。

「こらっ、ルーク！　樹里称、大丈夫か」

「大丈夫です」

みんなが一瞬、息をのんだあの時、樹里称の目が不敵に光ったように見えたのは気のせいじゃなかったと思う。ルークにとって計算外だったのは、このくらいのことでひるむ相手じゃなかったってこと。

「こら、ルーク！」

赤坂先生以外、誰の言うことも聞く気がないように見えたルークが、ビクッと反応する。

そこからがちょっとした奇跡のはじまりだった。

まずは「つけ」の訓練。飼い主より前に出ることなく、同じ速度で歩く基本の動作だ。叱る時も、褒める時も「今だ」というタイミングをのがさず、リードをひき、意思を伝えることがポイントになる。

「ルーク。待て。よし。はい、つけ！」

ガブリとやられようが一歩も退かない樹里称の態度に、ルークはその日のうちに降参したばかりか、あろうことか、くぅんくぅんと鼻を鳴らし、体をすりつけて甘え、しまいにはゴロンとお腹まで見せて最大限の恭順の姿勢を示したのだ。

「何あれ。さっきと全然、態度が違う」

「おなじ犬とは思えない」

あっけにとられながらも、いやいや、でっかい牛たちの足元ですやすやと寝息を立てている樹里称なら、世話の焼ける犬を手なずけるくらいのことは、やってのけて当然という気がした。

「よーし、ルーク。よくできました。いい子だね」

満足そうな樹里称に、赤坂先生はしみじみと言った。

「いやあ、今日は本当に驚いた。女子はたいてい大きい犬を怖がるけど、怖がらないのがよかったんだろうな」

「ワン！」

その通り、というようにルークがひと声吠えると、樹里称も「うー、ワンワン！」とすかさず吠え返してみせる。

「なるほどなあ。ルークがお前にだけは懐いたのは、樹里称も動物だからだな」

すっかり心を許しているルークの姿に「言えてる！」、みんなでドッと笑い転げた。

女子高生の匂いじゃない

学校の敷地内にある志岳寮は男子寮と女子寮に分かれていて、植物科学科と動物科学科の1年生は全員、1年間の寮生活が義務づけられている。

寮には、学校と家が離れていて、自宅から通うのが難しい生徒たちも生活しているので、男女合わせて200人くらいの生徒たちが寝食を共にすることになる。上級生も一緒の4人部屋なので、新入生の頃は何かと気を使った。

家族と離れて暮らさなくてはならなかったこの最初の1年間が、私には一番キツかった。今思えば、楽しいことだっていろいろあったはずなのに、寮に入ってすぐホームシックになってしまい、毎週末、家に帰っていた。

まして遠隔地の生徒の場合、3年間、ずっと寮生活を送ることになる。八戸に自宅がある愛実や凜《りん》ちゃんがそうで、よく励まし合っていた。

寮生の朝は早い。朝は6時に起床。冬はまだ夜も明けきらない薄暗い中、6時半には農場当番で、牛舎や鶏舎など、それぞれの持ち場に散っていく。8時15分の始業までに掃除とえさやりを済ませなければならない。

慣れるまで、とにかく大変だったのが匂い。

「うわあ。くっさー」

初めて牛舎に入った時は、思わず声に出して言わずにはいられなかった。特に夏の匂いは強烈で、教室までほんのりと漂ってくる牛舎の匂いで季節を感じる。

この時はもちろん実習服に長靴。せっかくシャンプーした髪に匂いをつけてなるものか、と頭にはタオルをぐるぐる巻きにして、顔が半分隠れるくらい大きいマスクを装着。完全防備で臨むのだけれど、いくら工夫したところで無駄だった。

こんなの、女子高生の匂いじゃない。泣きたい気持ちで何度そう思ったことか。

「あたし、もう1回、髪洗ってくる」

寮に向かって猛然と駆け出したのは凜ちゃんだった。

普段は人見知りの凜ちゃんは、突然大胆な行動を起こして、みんなの度肝を抜く。

「ちょっと待った、凜ちゃん！　寮のお風呂、今の時間、開いてないよ」

「いいの。水で洗う！」

気持ちはよくわかるけど、それ風邪ひかないか。


匂いでは、鶏舎も負けていない。鼻をつくアンモニア臭に、なんとかして息を止めたまま作業ができないものかと本気で試したことさえあった。

「あ、千葉ちゃん。今、息とめてたでしょ」

「うん。けど限界。やっぱ、息しないと死んじゃうし」

無駄な努力と思いつつ、ハーッと思い切り息を吐いたら、今度はなるべく口だけで呼吸してみる。

「でもさあ」と樹里称が言う。

「自分がニワトリだったらって考えてみなよ。たまたま人間だから、お風呂にも入れるし、トイレにも行くけど、ニワトリだったら、これがフツーじゃない？」

いかなる時もユニークな持論を展開する樹里称に「はいはい。そうだね。ニワトリだったらね」と生返事をしながら、糞をせっせとはじっこに寄せていく。授業が始まるまでに作業を完了しなくてはならない。マイペースな樹里称につきあっているヒマなどないのである。

「はーい。どいてどいて」

「んもうっ、冷たいなあ、千葉ちゃん！」

「冷たいなあ、じゃないよ。時間ないんだから、ジャマジャマ！　そう言えば、この間、馬の糞でサッカーしてたでしょ」

「あ。見てた？」

ニカッと嬉しそうに振り向いた樹里称に「シマッタ」と思ったが、遅かった。

「牛の糞と違って馬の糞は丸くて硬いから蹴りやすいんだよ。今度、一緒にやろうよお！」

「やだ」

「えー。蹴ると一斉にハエが飛んで面白いのにー」

そういう問題だろうか。

「あのさあ、樹里称。虫、キライだって言ってたじゃん！」

「キライだよ。蝶々もトンボもダメだけど、ハエは大丈夫」

「なんでよ」

「だってハエは、牛につきものだもん」

牛を愛するあまり、ハエも平気になった樹里称はニッコリと笑う。

「なんなら素手でつかまえたりもできるよ」

「わー、やらなくていい！」

農場当番は夕方もあって、1年間の入寮生活を通して、生徒たちは、農家さんが日々やっている作業がどういうものなのかを身を以て体験していく。

生き物を相手にしていると、毎日同じ作業をしているようでも、毎日いろんなことがある。

産みたての卵を集めていると、たまに動かないニワトリがいて、

「あれっ、寝てるのかな」

そっと触ってみると、コッチコチで冷たい。

「せ、先生、たいへんっ。このニワトリ、死んでるーっ！」

1年生の時は、初めてのことばかりで驚きの連続だった。

命をいただく

数ある授業の中でも、忘れられないのが馬学とニワトリの解体実習だ。

馬学は、私の得意科目でもある。

実際に目の前で見る馬は想像以上に大きい。最初のうちは慣れないから、落馬する人も続出する。一頭の馬が怯えていないたら、その恐怖感が波のように伝わって、全員一斉に振り落とされたこともあった。

小柄な凜ちゃんはカーブのところで振り落とされて以来「もう乗りたくない」と嘆いていたけど、一度や二度、落馬したくらいで休むわけにはいかない。すりむいたり、アザができたりするのにも、だんだん慣れっこになっていく。

並足がだいたいできるようになると、先生が言う。

「よし。手を放せ！」

馬に乗るには足の使い方が重要なので、正しい姿勢とバランス感覚を身につけるために、手を放して乗る練習をするのだ。

みんな、おっかなびっくりトライする中、私は、並足どころか駆け足でぐるぐる何周もすることができた。子どもの頃、ポニーに乗ったことはあっても、デッカイ馬に乗るのは初めて。でも1回も落ちたことがない。こういうのは得意なのだ、任せとけって話である。

愛実は、雪の日に馬が暴走して振り落とされたことがあった。馬だけが先に帰ってきて、ずいぶん後から、とぼとぼ歩いて帰って来た時のことは今でもよく覚えている。

「おー、やっと帰ってきた。愛実、大丈夫？」

「ぜんぜん、大丈夫じゃない。長靴に雪が入って、びちょびちょで死にそう。ていうか、笑いすぎだから！」

「ごめんごめん。大変だったね」

いつもしっかり者の愛実が珍しくしょげているのが可愛かったというのは、本人には言わないでおいてあげた。

馬はとても繊細だから、ちょっとしたことで驚いたりするけど、基本的にはとても賢い動物だ。こっちがちゃんと接すれば、ちゃんとわかってくれる。それには馬の習性や正しい乗り方を学ばなくてはならない。

あぶみにきちんと足を置き、背筋を伸ばして、手綱を引く。

基本的な技術が身についてくると障害だって跳べるようになる。

「毎日、動物とか植物とか生きてるものと向き合っていると、机の上で勉強してるだけじゃわからないことがあるなって思うよね」

「お、愛実。カッコイイこと言うねえ！」

私は、そんなカッコイイことは言えないけど、本当にそうだなって思う。

「いいよねえ、動物って」

「うん。教えてくれるよね、こっちにいろんなことをね。人間はまるで自分がピラミッドの頂点にいるみたいな顔をしてエバってるけど、本当は逆なんだと思う。もらってばかりで世話になっているのは、きっと人間の方だよ」


ニワトリの解体実習は、そのことを実感する授業かもしれない。

まずは二人一組になって、ひとりがニワトリの足を持ち、もうひとりがニワトリの体をおさえて、首を切って放血させる。おっかなびっくりやるから、ニワトリも暴れて、最初はおさえるだけでもひと苦労だ。

「てきぱきやれ！　モタモタしてたら、ニワトリが苦しんでもっと可哀想だぞ」

食品製造の担当はちょっと強面の太田《おおた》先生。女子サッカー部の顧問でもある太田先生は、体育会系の熱い男だ。

「ダラダラ歩くな、走れ！」

「必要なことは時間に余裕を持って準備しろ！」

「俺をあてにするな！　自分で考えろ」

気を抜いたことをやっていると、すかさず声が飛んでくる。

解体実習でも、初めての体験にいっぱいいっぱいになっている生徒たちの一挙手一投足を見逃さず、的確なアドバイスを飛ばしまくっていた。

「お前、包丁の持ち方おかしいぞ」

「いいか、頭のところをこうして手のひらでおさえれば、ほら、目が隠れるだろ」

頭では手順を理解できても、先生が見せてくれたお手本みたいに最初から思い切りよくやれる生徒はまずいない。「骨がバキッというまで包丁を深く入れろ」と言われようものなら、恐怖で泣き出す子もいる。初めて包丁を入れる時は、私も手が震えた。だって、まだあったかい。

ごめんね、ごめんね。心の中で何度もそう話しかける。

ごめんね。ありがとうね。

どうしてもさばく作業をやりたくなくて、おさえる係ばかりやりたがる子もいたけど、勇気を出して一度はやってみればいいのにと思った。

最初は怖いし、震えるけど、やってみれば、きっとわかるよ。

生きるってことは食べるってことで、私たちはたくさんの命とこうしてつながっている。

絶命したら今度は羽根抜きの作業。熱湯につけると羽根がぽろぽろ落ちて丸裸になるので、各部位に解体していく。ここまでくると、女子の方が手早い。こういう時、逃げ腰になるのはたいてい男子の方だ。

「俺、無理」

「無理とか言ってないで、ちゃんとやる！」

ついさっきまで胸がつぶれそうな気持ちでいたのに、だんだん度胸がついてきて、男子に発破をかけていたりするんだから、女子はたくましい。

教室をぐるりと見まわして、先生が言う。

「みんな、から揚げ、好きだろ。焼き鳥、うまいよな。動物科学科に来たからには、自分たちがものを食えるのは、つくっている人たち、そのために働いている人たちがいるからだってことをちゃんとわかって食おうよ」

さばいたニワトリは、みんなで調理して食べる。

なかなか箸をつけられなかった子も「ちゃんと感謝して食べるんだぞ」と先生にうながされ「無駄にしたら、かわいそうだもんね」とパクリ。

「……おいしい」

「いただきますっていうのが、どういう意味か、よくわかるだろ」

生きているものの命をいただいて、私たちは生きている。

そのことを忘れたくないと思う。


朝、牛舎に行ったら、子牛が生まれていたこともあった。

「せ、先生っ。たいへんっ。牛が生まれてるーっ！」

慌てて先生を呼びに走った。

生まれたばかりの子牛を見たのは初めてだった。

まだ横たわっている子牛の体を母牛が丁寧に舐め始めると、子牛も後ろ足を踏ん張って、懸命に立ち上がろうとしていた。

どうしたらいいのかもわからなかった私の目の前で、母牛はちゃんと自分が何をすべきかをわかっているみたいだった。

人間だけじゃない。この世界は、たくさんの命でできている。

生まれることも死ぬことも当たり前に日常の中にあって、1年間の義務入寮が終わる頃には、みんな、すっかりたくましくなっている。

樹里称が言う。

「生きてるっていうのは、つまり匂うってことなんだと思う。生まれて、食べて、排泄する。それが生きてるってことなんだから」

最初はあんなに気になっていた匂いも、いつの間にかそういうものだと思うようになっていた。生きているって何だろう。命って何だろう。三農で過ごした日々は、そのことを身を以て学ぶための3年間だったと思っている。

動物科学科主任、食品製造担当・太田《おおた》哲《てつ》先生は語る

初めてニワトリを解体する時は、泣き出す子はいますよ、やっぱり。誰でも罪悪感を感じるんじゃないですか。命をいただくわけですから。だけど、それは特別なことじゃない。家畜を育てて出荷する農家さんたちが毎日やっていることです。

愛玩動物研究室の子どもたちは、主にペットについて学んでいるから「動物＝可愛がるもの」という感じかもしれないけれど、僕は家の中で動物を飼うってことがいまだに理解できないんです。動物科学科の主任の自分がこんなことを言うのも何ですが、なんで家の中に犬や猫がいるんだと。

たぶん育ってきた環境もあるんだと思います。

実家は十和田で競走馬を育てていたので、子どもの頃は家族旅行に行ったこともなければ、家族そろっての外食もしたことがありませんでした。土地は広いけど、こいのぼりもあげたらダメだったし、花火も禁止。馬がびっくりするからです。友達が遊びに来

てもいいけど、大人数で騒ぐのも禁止でした。

うらやましかったですよ、街の子が。

自分が育った家では生活のすべてが馬中心。でも親に文句言おうとは思わなかったですね。動物と生きていく、生き物で商売するっていうのは、どうしたってそういうものだと思うし、またそうでなければならない。３６５日、休みなし。三農の生徒たちの中にも、そういう環境で育ってきた子どもが少なからずいると思います。

忘れもしない、初めて家族そろって外食したのは、三農に教師として赴任することになった25歳の時でした。

外食といっても十和田市内にある地元のレストランでしたけど、それまで父親とどこか行ったとか、母親とどこか行ったって経験が一度もなかったので、家族そろって「いただきます。乾杯！」ってやった時は、ちょっとうるっときましたね。

赴任したのは動物科学科の立ち上げの頃からなので、トータルすると15年目になります。

生徒たちに対しては、自分たちがどこまでできるのか、まずはやってみればいいという考えです。失敗が許されるのは高校生までですから。失敗して、うまくいかなければ、次はやらない。そうやって世の中に出る前に、気づけばいいんです。

今の子は賢いけど、机の上の勉強がいくらできたって、現場で動けないと意味がない。新入社員でもいるじゃないですか。単語で答えるヤツとか、やる前から「無理」って弱音吐くヤツとか。大学を卒業した後、東京でサラリーマンをやっていたことがあるせいか、経験値の大切さというのが身に沁みているんですね。

言われたことはやるんだけど、言われたことしかできなかったりするのは、やっぱり、経験値の積み重ねが足りないからだと思う。本番に強いヤツというのも、自分はあんまり評価しません。結果がよければそれでいいってことはない。それよりも準備段階から、自分の頭でちゃんと考えて、まわりの人間を巻き込んでいけるくらい、先に先に動ける人間になってほしい。将来、動物に関わる仕事をするにせよ、しないにせよ、そういう中で自分が夢中になれること、自分の居場所を見つけてほしいと思う。

だから自分の授業では、早い段階で生徒たちには諦めてもらいます。

「いざとなったら、大人が何とかしてくれるなんて思うなよ」ってね。

本当は失敗なんかしてほしくないですよ。でもうまくやることより、失敗したっていいから、そこから何を学ぶかが大事。経験値っていうのはそういうものですよね。

生き物は待ったなし、ですから。

やってみなければ、わからないことがいっぱいある。

いのちの花プロジェクトも、一過性のブームで終わらせるんじゃなくて、5年、10年と長いスパンで続けていくことに意味があると思っています。

第二章

いのちの花プロジェクト、始動

向井愛実《むかいまなみ》さん

三本木農業高校動物科学科愛玩動物研究室卒業生。
いのちの花プロジェクト一期生。
このプロジェクトを命名した発起人でもある。

動物愛護センターへ行った

２０１２年３月。その日は朝から遠足気分だった。

動物科学科の２年生の校外授業。

目的地は青森市にある動物愛護センター。

いつもの授業はお休みで、みんなでバスに乗って遠くまで行く。ただそのことが嬉しくて、行きのバスの中では歌ったり、はしゃいだりして大騒ぎ。

「はい、みんな、注目！」

一番後ろの席に陣取っていた私と春乃もおしゃべりに夢中で、赤坂先生がマイクを持って立ち上がったのにも気づかなかった。

「ほら、一番後ろ、静かにしろ！」

「はーい」

怒られちゃった……そんなことさえ楽しくて、笑いをこらえながらつっつきあったりしていた。

「えー、もうすぐ到着しますが、バスを降りる前に注意事項。みんなに言っておくことがあります。校外授業といっても、普段の授業と同じだからな。ジャージは、しっかりチャックを上まであげて、きちんと着ること。上に防寒着を着るのは構わんけど、パーカーをだぼっと着るのはダメだぞ」

「はーい！」

「返事は短く、はい、だ」

「はい！」

3月の青森はまだ雪が多い。三農がある十和田市からバスで1時間半。トンネルをひとつくぐりぬけるたびに、視界はぐんぐん白くなっていった。本格的に降り始めた雪を心配そうに見上げながら、先生が言う。

「いいか。職員の方は、我々のためにわざわざ時間をさいてくれるんだから、始まった時と終わった時には頭をしっかり下げて挨拶すること。誰かがするだろうとあてにしないで、自分がひとつ質問をするつもりで聞くこと。わかったな」

「はい！」

2006年に開設された青森県動物愛護センターは、建物もきれいでまだ新しい感じがした。

入り口には大きなバードケージがあって、色とりどりの小鳥たちがさえずっていた。入ってすぐのふれあいルームでは子犬たちが職員さんと楽しそうに遊んでいる。

「わあ、カワイイ！」

何人かの女子が触りたくて、わっと駆け寄って手を伸ばす。

「この子たちも保護された犬なのかな」

誰かがつぶやく。

そう、動物愛護センターは保護された犬や猫が運び込まれ、里親を探したり、新しい飼い主が見つからない場合は殺処分を行っている施設なのだ。

明るくて広々としたそこは、いかにも「動物を大切にしています」みたいな雰囲気で、事前に聞かされていなかったら、そういう場所だとは思わなかったかもしれない。

私たちは、まず研修室に集められ、職員さんから動物愛護センターの仕事について話を聞くことになった。最初に1匹の犬のスライドが映し出される。

「これ、なんだかわかりますか。シーズーです。いわゆる迷い犬で、街をうろうろしている間にこんなにボロボロの姿になっちゃいました。この子は動物愛護センターに保護されて、新しい飼い主さんにもらわれていきました」

よかった。新しい飼い主が見つかったんだ……安堵の空気が流れる。でもそれは若くて健康で見た目も可愛らしい犬、運がいい限られた犬の話だった。

職員さんが、淡々と解説していく。

「動物愛護センターでは、保護された犬猫と里親さんをひきあわせるための譲渡会を開催したり、ホームページで告知を行っていますが、たとえば生まれてまだ3か月くらいの子犬と、年をとってヨボヨボの犬がいたら、みなさんならどっちをもらいますか。健康な犬と、病気で介護が必要な犬、どっちがほしいですか」

収容できる数も、期限も限られている中で、どうしてももらい手がつかなかった犬猫は殺処分されるのだという。

「昨年（2011年）1年間で動物愛護センターに運び込まれた犬は、青森県内だけで年間1150頭。この数字を、みなさんどう思いますか。1150頭と言われても、ちょっとピンとこないかもしれないけど、毎日3、4頭の犬がここに運び込まれていることになります」

1150頭のうち、半分くらいが「捕獲」と言って、迷い犬などの通報を受けて、動物愛護センターの職員さんたちが保護したケース。残りの半分が「引き取り」で、「引き取り」

には誰かが町で犬を拾ってくるケースと、飼い主さんが「もう飼えません」と自分で動物愛護センターに連れてくるケースがあるという。

「みなさん気になるのは、どうして飼い主さんが犬を飼えなくなっちゃうのかってことだと思います。一番多いのが年をとったり病気になったりして犬を飼えなくなっちゃうケース。お年寄りがひとりで犬を飼っていました、でもそのお年寄りが亡くなって、遺された犬を世話する人が誰もいなくなったとか、入院するので面倒をみる人がいないというので持ち込まれることがすごく多いんです。

次に多いのが、いわゆる問題行動です。具体的に言うと、ご近所の方を自分のうちの犬が噛んじゃった、近所の目もあるからもうこの犬は飼えないとか、一日中、夜中もワンワン吠えて近所迷惑になるんで、どうしようもないというので愛護センターに連れてくる。

その次に多いのが、犬自体が病気になったり、年をとったりして面倒みきれなくなったというケースです。犬も生き物ですから当然病気にもなるし、年もとります。年をとれば、立てなくなるし、歩けなくなる。寝たきりになれば、おむつをつけて一日中世話しないといけない。病気になれば治療費も何十万とかかります。そういうのが負担になって〝もうダメです。飼えません〟と連れてくるわけです。

その次に多いのが引っ越しです。これだって犬が飼えるところに引っ越せばいいだけの話ですよね。でもそういう話をすると、みなさん、決まって〝いや、そういうところは家賃が高くて〟と言われるんですね。

その次に多いのが〝子犬が生まれたんで引き取ってください〟というケースです。生まれても飼えないのなら、なぜ不妊・去勢手術をしなかったのか。〝そういう手術にはお金がかかる〟と言う人がいますが、子犬たちにしたら、せっかく生まれてきたのに、ここに連れて来られたら殺されるかもしれないんです。いろんな理由がありますが、だいたい飼う前にもうちょっと考えたらよかったんじゃないかっていうのがほとんどです」

みんな、メモをとりながら聞いてはいたけれど、今思うと、グラフを見せられても、数字を聞かされても、1150頭という数字の大きさも、もらい手が見つからずに毎年800頭近い犬たちが殺処分されるというのがどういうことなのかも、この時はまだよくわかっていなかったと思う。

殺処分施設へ

ひと通り、センターの見学が終わると、再びバスに乗り、移動した。

山間の道でバスが停まると、そこからは徒歩で向かうという。

「えっ。どこ行くの？」

行き先は聞いていたはずなのに、そんな声があがったのは舗装されていない山道に下りるように指示されたからだ。キンと冷たい空気に「うわ、さむっ」とあちこちから声があがる。どうせすぐそこだろうと、上着をバスの中に置いてきた生徒も少なくなかった。

川沿いの山道は、雪が残っているから足場も悪い。雪解けの水たまりが深くて、ふざけあっていたら、赤坂先生にまた怒られた。

「お前たち、なんだ、その靴は。なんで長靴を履いてこなかったんだ」

「すみません。今日はどっちでもいいのかと思ったんです」

実習じゃなくて、施設の見学だからと、つい油断していた。

「まさかこんな道を歩くことになるなんて思わなかったし……」

「しょうがないなあ。足元、滑るから気をつけろよ」

バスを降りてから、舗装されてない雪道を結局10分くらい歩いただろうか。

近くに民家もない山の中に、ひっそりとその施設はあった。

入り口には「管理施設」という看板がかかっていた。

「まずこの消毒液に靴を浸してから、中に入ってください」

職員さんにうながされて、小さな町工場みたいな外観のその建物に全員が入ると、背中でウィーンと音を立てながら電動シャッターが下りていった。

さっきまでいた動物愛護センターとは雰囲気がまるで違っていた。床はすべてコンクリートで、ひんやりとしている。入った途端、ツンと鼻をつく消毒液の匂い、それから生き物特有の匂いがした。

「これから殺処分施設を見学してもらいます。つらい人は途中で外に出てもらっても結構です。ショックも大きいと思いますが、現実を見てもらいたいと思います」

この時、説明してくれたのは女性の職員さんだった。

入り口を入ってすぐのところに小さな位牌があって、着いたばかりの私たちは、言われるまま、その位牌にかたちばかり手を合わせると、ぞろぞろと中に入っていった。

2006年に開設されたこの施設では、それまで県内6か所の保健所で行っていた殺処分を一括して行っているのだという。

管理施設の中には柵で区切られた犬房（犬の入る小さな部屋）があり、この時は3匹の犬が収容されていた。

犬房はたくさんあったから、今は3匹しかいないということなのかもしれない。がらんとしてるぶん、いっそう寒々しく見えた。

ダックスフントとミックスと柴犬。ひとつの犬房に1匹ずつ。それぞれの犬房には、犬種と推定年齢と収容された日付が書かれた札が下げられていた。

「愛護センターに持ち込まれた犬や猫は、一旦、ここに集められて健康診断を行い、病気がないか、問題行動はないかを確認したあとで、新しい飼い主さんが見つかりそうな子は愛護センターの方に戻されるかたちになります」

柴犬は人懐っこくて、クゥンクゥンと鼻を鳴らしながら近寄ってきたけれど、今度は無邪気に手を伸ばす人はいない。

「しっぽ振ってるよ」

誰かが言う。でももう誰も何も言わなかった。

さっきまであんなにはしゃいでいたのに、みんな、しんと静まり返っている。

「ダックスフントのような血統のしっかりした純犬種の犬は、保護されたとしても野良犬だったってことはまずないです。ほとんどの場合、迷い犬か、飼い主に捨てられた犬です」

やせて、毛もボロボロになって、不安なのだろう。ぶるぶると震えている。

「迷い犬などを捕獲した場合は、県の条例で、3日間は公示期間や抑留期間として飼い主さんが迎えに来るのを待つ期間になっています。各市町村とも連絡をとりあうためのタイムラグがあるので、実際は5日間待ちます。その後で新しい飼い主さんに渡すか、処分するかを判断することになります。飼い主さんが愛護センターに犬を持ち込んだ場合は、飼い主さんの気が変わることを期待して3日間ほど様子を見ますが、健康状態などの理由ですぐに処分されてしまうケースもあります。子犬だからといって、必ず里親が見つかるというわけではありません」

処分機が稼働するのは週に2回。2日後には、今、ここにいるこの犬たちも処分されてしまうのだろうか。

みんな、シンとしたまま、犬舎を通り過ぎ、次の場所に案内された。

モニターつきの機械の前には、いくつものスイッチが並んでいるのが見えた。

「これが追い込み機です。通路に集められた犬たちが逃げないよう、壁が迫ってきます。パタンとふたが下りると炭酸ガスが注入されます。昔は一頭一頭、注射して処分していたこともありましたが、中には噛み癖がある危険な犬もいますし、死にきれずに無駄に苦しませてしまうこともあったので、現在はほぼ機械化されています。ここでは炭酸ガスの濃度も見ることができますし、モニターから犬たちの様子も見ることができます」

職員さんが追い込み機を作動させるとウィーンと機械音がして、何かを察知したのか、犬たちが一斉に鳴き始めた。

こらえきれずにワッと声をあげて泣き出したのは、樹里称だった。

「大丈夫ですか。外に出て待ちますか」

「いえ。大丈夫です」

三農に捨てられていた豆柴を引き取って飼っている樹里称にしたら、ひとつ間違えれば、自分の犬もここに収容されていたかもしれないと思うと、たまらなかったのだろう。頑張って最後まで見ると決めたけれど、そこからはずっと泣き通しだった。

施設の一番奥には銀色のいかにも頑丈そうな機械が異彩を放っていた。一階下のフロアをほとんど占領するほど大きいそれが、レンダー式小動物専用焼却炉だった。

この日も稼働したので下の階に降りることはできないという。

それで犬房があんなにガランとしていたのか。昨日までは何匹いたのだろう。上の階から中を見せてもらうと、中はまだ赤く燃えていた。

「……この匂い」

「うん」

春乃の言葉に、私も思った。

火葬場の匂い、骨が焼ける匂いだ。職員さんが解説する。

「かつてはこの焼却炉もフル稼働させないと間に合わないほどでした。ボタンを押すと処分された犬猫の死体が焼却炉に落ちてきます。現在はすべてボタンひとつでできるようになっています」

通路に追い込まれ、逃げ場もないまま殺されて、焼却炉へと落とされる犬や猫たちの姿が目に浮かんで、怒りがこみあげてくる。それは身勝手な飼い主への怒り、そしてこんなむごいことを平然とやり続けてきた大人たちへの怒りだった。

なんでこんな残酷なことができるんだろう。何もかも機械化されていることが余計に腹立たしかった。ボタンひとつ押せばいいだけだから何とも思わないんじゃないか。公務員だから お給料はいいのかもしれないけど、こんなところで自分は絶対に働きたくない。

そう思いかけた時だった。

「……こんな施設、本当は要らないんです」

さっきまで淡々と説明していた女性職員さんが言った。声が震えている。

「この殺処分は税金で行われています。みなさんから集めたお金で、動物を殺しているんです。こんな施設、本当は無駄なんです！」

ハッとして顔をあげると、動物たちの敵みたいに思っていたその人が肩を震わせ、泣いていた。

この人も、つらいんだ。

そう思ったら、胸を衝かれた。

殺処分のボタンを押して犬猫たちの死を見届けるのは、獣医さんの役目だという。動物が好きで、動物の命を救うために獣医になったのに、どうしてこんなつらい役目を引き受けなければならないのだろう。

年間１１５０頭という数字が現実のこととして胸に迫ってきたのはこの時かもしれない。

動物愛護センターでスライドを見ながら聞いた話が、なまなましくよみがえってくる。

「そうなるとみなさん、一番気になるのが動物愛護センターに引き取られた犬たちの運命、最後はどうなるのかということだと思います」

グラフを示しながら、あの時、職員さんは言った。

「『返還』というのは飼い主さんが迎えにくるケース、２６５頭。『譲渡』というのは新しい飼い主さんのところに行くことができたケースで、94頭。じゃあ、残りの８００頭近い犬たちはどうなるのか。残念ながら殺処分されています。殺されているんです」

やっと本当にわかった。あれはこういうことだったんだ。

人間の身勝手が、何の罪もない犬たちをこんなところまで追い込んでしまった。

あんなに人懐っこい犬がどうしてこんなところで、こんなふうに最期を迎えなくてはならないのだろう。「もう飼えなくなった」と手放した人たちは、自分が捨てた犬や猫が最後はどんな運命をたどるのか、ちゃんと知っているのだろうか。

とても知っているとは思えなかった。知っているつもりになっているだけ。自分では手をくださないから、見ないふり、知らないふりができるのだろう。

今すぐここに連れてきて見せてやりたい。

人間の都合で死を待つしかないあの犬たちを。

泣きたかった。でももっとつらいのは、何もわからないまま、こんなところに連れてこられて殺されるあの犬たちだ。そう思って必死でこらえた。


見学は、これで終わりではなかった。

「一旦、外に出て、焼却炉の裏の出口にまわってください」

そこにはお米が入ってるような大きな紙の袋がいくつも積み上げられていた。

「これから骨を見てもらいます。見たくない人もいると思うので、見たい人だけ見てください」

えっ、これ全部、骨なの？

見れば、袋の口までぎっしりと骨が詰まっている。灰になってしまったたくさんの命。こんな袋があとどのくらいあるのだろう。

「俺、もう無理」

男子は見なかった。女子は泣きながら見た。つらくても見なくては、私もそう思った。だって人間が、私たちがしたことなんだから。

何よりショックだったのは、殺処分された動物たちの骨が事業系一般廃棄物として捨てられているということ。つまり、ゴミとして処分されていた。

「近くに慰霊塔があったから、そこに埋葬されてるんだと思った」

呆然とした顔で、千葉ちゃんがつぶやく。

こんなの絶対におかしい。人は死んだからって、ゴミとしてあつかわれたりはしない。死んでいった動物たちは死にたくて死んだわけじゃないのに、まだ生きたかったのに、あんなふうに殺されて、ゴミとして処分されるなんて——。

だって真っ白な骨は、人間の骨とそっくりだった。

もしこの中に人間の骨が混ざっていたとしても、たぶんわからないんじゃないか。

ほんの2か月前、おじいちゃんを亡くしたばかりだった私は、お葬式に出た時のことを思い出した。殺された動物たちの骨は、あの時見たおじいちゃんの骨とどこも違わない気がした。

ちゃんと世話をすれば、ちゃんとわかる

子どもの頃は一軒家に住んでいて、犬6匹、猫2匹、ハムスターに囲まれて育った。

犬だけでもシベリアンハスキーにミックスに秋田犬、それから柴犬が３匹。

動物たちの世話はいつも家にいるおじいちゃんと私の担当だった。おじいちゃんは動物が好きな優しい人で、まだ小学生にもならない私に世話の仕方を教えてくれた。

一番のお気に入りは、ぶさ犬のわさおみたいな顔をした秋田犬のロッキー。ロッキーは、年をとっていたせいか、大きいけどすごくおとなしい、優しい犬だった。

おじいちゃんは言った。

「ロッキーは賢いから。愛実がちゃんと世話してやれば、ちゃんとわかる」

本当に、おじいちゃんの言う通りだった。散歩に出かけると、ロッキーは、私が歩けば歩くし、止まれば止まってくれる。スゴイスゴイ。なんで私に合わせてくれるんだろう。なんで私の気持ちがわかるんだろう。

兄とは10歳、姉とは５歳離れている末っ子の私は、小さな自分が大きな犬をひとりで散歩できるのが嬉しくて、おじいちゃんがいなくても、よくロッキーと散歩に出かけた。

「あんまり遠くまで行くんじゃないぞ」

「はーい」

幼かったあの頃、どんな友達よりロッキーとは気持ちが通じ合える気がした。

7歳の時、おじいちゃんと暮らしたその家を出て、母方のおばあちゃんの家に引っ越すことになった。ロッキーと離ればなれになるのが寂しくて、学校帰りによくおじいちゃんの家に寄り道した。

「おう、愛実。よく来たなあ」

おじいちゃんは変わらない笑顔で迎えてくれた。

ほかの犬たちはもらわれていったり、死んだりしたけど、ロッキーだけはよぼよぼになっても、私を待っていてくれた。

「三本木農業高校に行けば、動物科学科があるよ」

中学生になり、進路で悩んでいた私に、そう言って勧めてくれたのはお母さんだった。

お母さんは、私が動物をどんなに好きだったかをちゃんと覚えていてくれたんだと思う。

「愛実はちっちゃい頃から動物が大好きなんだから、自分が好きなことをやった方がいいよ」

「お母さん。介護の仕事、大変なのにいいの？」

「うん。いいよ」

兄も姉も高校を出たら就職して、すでに独立していた。

女手ひとつで子育ても仕事も両方頑張ってきたお母さんの姿をずっと見てきたから、できることなら私も早く働きたかった。大学に行くつもりはなかったのに「成績がいいんだからもったいない」と進学校を勧められて、受験に前向きになれずにいた私は、「動物科学科」と聞いた時から、本当はかなり興味をひかれていた。

「三農に入ったら、ここからじゃ通うの大変だから、たぶん3年間、寮に入ることになるよ。寂しくない？」

「うん。全然。寂しくない」

「ちょっと！　問題発言だよ、今の。寂しいでしょ、あたしがいないと」

「全然。平気平気」

うちのお母さんはこういう時、もったいぶったことは言わない人なのだ。いいと思う時は「うん。いいよ」、どうかなあと思っている時は「ふーん」、アッサリしてるというか、わかりやすいというか。

「愛実こそ寂しいんでしょ」

「ぜーんぜん！　これまでだってお母さんが夜勤の時は、ひとりだったし」

「そっか。じゃ決まりだ。頑張って！」

思えばお母さんのこういうさっぱりした性格に、私は何度も救われてきた気がする。この時も、私は、お母さんに背中を押されるかたちで三農に行くことを決めたのだ。

三農の一日は、農場当番で牛舎、鶏舎の掃除とえさやりをすることから始まる。授業の中にも動物とふれあうことが含まれていた。たとえば馬学の授業なら、まず馬の世話をするところから始める。

それは久しぶりに味わう感覚だった。

触ればあったかいし、毎日世話をすれば、懐いてくる。

乾いた土が水をもらったみたいに、自分がいきいきしてくるのがわかった。もし普通高校に進学していたら、こんな気持ちになれただろうか。

そう言えば、子どもの頃、親戚に「獣医さんになったら」と勧められたこともあった。そんなの経済的に無理だととっくに諦めていたけど、獣医は無理でも動物看護師とかトリマーとか将来は動物に関わる仕事に就けたら、どんなにいいだろう。私は次第にそう思うようになった。でもそんなこと、本当にできるんだろうか。

「こうすべき」という気持ちと「こうしたい」という気持ちのあいだで、私はいつも葛藤する。だって「なんとなく」じゃ選べない。甘えたくない。でも私のそんなところは、たぶんお母さんにはとっくに御見通しだったんだろう。

三農は、私にもう一度、夢を追いかける力をくれた。

おじいちゃんが入院したのはそんな時だった。

亡くなった時はショックで、過呼吸になりそうだった。ずっと会っていなかったけど、大好きだったから。いつでも会える。そう思っていた。

どうしてもっと会いにいかなかったんだろう。

友達の前ではいつも通り振る舞っていたけど、ひとりになると思い出してよく泣いた。動物とふれあう喜びを、最初に私に教えてくれたのはおじいちゃんだった。

「おう。愛実、よく来たなあ」

あの家に行けば、今でも、そう言って優しい笑顔で迎えてくれる気がした。

いのちの花を育てよう

動物愛護センターを見学した翌日になっても、昨日見たことがどうしても頭から離れなかった。

何の罪もない動物たちが、どうしてあんなふうに殺されなくてはならないのだろう。命を奪われて、ゴミとして捨てられるなんて――。

「大人、ふざけてるよね。特に政治家！　ふざけんなって感じ」

どこにぶつけていいのかもわからない怒りが、ついそんな乱暴な言葉になった。

「私たちにはゆとり、ゆとりって言うくせに自分たちは何やってるんだって思うよ。あんなことに税金を勝手に使わないでほしい」

「ほんとだよね。大人、ふざけんな！」

「ふざけんな！」

調子をあわせて、いつもはおっとりしている春乃も気炎をあげる。放課後になっても、私たちは帰る気になれずに、教室にそのまま居残っていた。

「あの柴犬だけでも、連れて帰りたかった」

「かわいかったよね」

春乃の家は農家で、98歳のひいおばあちゃんも一緒に住んでいる四世代の大家族。犬、猫、うさぎ、ニワトリ、たくさんの動物たちに囲まれて育った。

「殺処分された動物たちの骨がゴミとして捨てられていること、うちの親に話したら、知らなかったってすごく驚いてた。動物が好きな人は、殺処分なんて自分とは関係ないって思ってるから、知らない人がいっぱいいるかもしれないよね。私たちだって、昨日、殺処分施設に行くまでは知らなかったし」

そう、知らなかったのだ。本を読んで知識として「知っている」ことと、実際に現実を目の当たりにして「知る」ことは、まるで違うことだった。

何かをしたいのに、何をしていいかがわからないまま、いてもたってもいられない気持ちだけが空回りしていた。

どうしたら殺処分が減らせるんだろう。

これまでも三農祭の時に、北里大学の「北里しっぽの会」[*2]と協力して犬や猫の里親探しをやってきた。でもそれだけじゃ、ダメなのかもしれない。

里親が見つかるのは若くて健康な子犬とか条件がいい犬たちで、殺処分施設で真っ先に殺されているのは年をとったり病気になったりした条件の悪い犬たちなのだと思うと、余計に胸が詰まった。

「猫の殺処分数は、犬よりももっと多いって言ってたよね」

猫は、町をうろついていたからって「捕獲」はされない。殺処分されるのは、動物愛護センターに持ち込まれる猫たち、その大半は生まれてすぐに「飼えない」と判断された子猫たちだった。猫の殺処分数は年間2000頭以上。

私たちが見たあの骨は、行き場をなくしたそういう動物たちの骨だった。

「自分が〝この人間はもう要りません。処分してください〟って言われたらどう思うか、考えてほしいよね。同じことだと思う」

飼いたくて飼い始めたはずなのに、思ったより手がかかるから捨てるなんて無責任すぎる。そんなの買ったおもちゃが気に入らないからってポイ捨てする子どもと同じだ。

要らなくなったら捨てて、また買えばいい。そういうことに慣れちゃうと、感覚が麻痺しちゃうんだろうか。生きているものを、そんなふうに消費していいわけがない。

「おう。お前たち、どうした。まだいたのか」

＊2 **北里大学「北里しっぽの会」**──犬猫の殺処分の現状を世の中に伝えることと殺処分数を減らすことを目的に、北里大学の学生たちが立ち上げたボランティア団体。

赤坂先生だった。

「昨日のこと、春乃といろいろ話してたんです」

「そうか」

「私たちも何かできないかって」

「うん」

「私、あの骨のことが、犬たちの骨が廃棄物として、ゴミとして処分されるっていうのが、やっぱりどうしても納得できなくて」

そこまで一気に言ったら、胸の中に言葉が溢れてきた。

「だって先生、骨がゴミとして捨てられているなんておかしいよ、絶対。人は死んだってゴミじゃないのに、なんで動物たちはゴミになるの？　ゴミとして処分されたら、あの骨は土に還ることもできない。土に還ることができれば命はめぐるけど、ゴミはそのまま消えるだけ。そんなのってひどすぎる。どんな命も死んだら、いつか土に還る。そうして命はめぐっていくのに」

いつものように、赤坂先生は「うん。そうか」「そうだよなあ」とうなずきながら聞いてくれた。そうやって聞いてもらうと、喉の奥でこんがらがっていた言葉がほどけてきて、何でも言えそうな気持ちがしてくるから不思議だ。

「そうか。よし。どうするかなあ」

いつも以上に髪をもしゃもしゃかきむしりながら、しばらく考えると、先生は言った。

「動物愛護センターには毎年見学に行くし、みんな、毎回ショックを受けるけど、これまでは何かしようってところまではいかなかった。だからお前たちが何かしたいと思って、こうしてここにいるってことが、まず最初の一歩だと先生は思う」

「でも何をしたらいいか、わからなくて」

「以前、本で読んだことがあるんだけど、骨を砕いて肥料にすることがあるらしいぞ」

「肥料？　そんなことできるんですか」

「先生も、もう一回ちゃんと調べてみるけれど、農家さんでそういうことをやっている人がいるという話だった」

探していた出口がやっと見えた気がして、ふたりとも思わず身を乗り出していた。

「でも野菜をつくったとしても、殺処分された動物の骨が肥料に使われていると知ったら、気味悪がって食べてもらえないかも」

「じゃあ、花はどう？　花ならいいんじゃない」

ゴミとして捨てられていたあの骨、人間が無残に断ち切った命の循環を、もう一度、つなぎたい。殺処分された動物たちの命が、花としてよみがえる。

「名前は、いのちの花」

「いのちの花か……いいな。やろうか、みんなで」

いのちの花プロジェクト、私が黒板に大きくそう書くと「いいね。すっごくいいと思う！」、春乃も大きくうなずいている。

そう、あの骨はゴミじゃない、死んでいった犬たちの命なんだ。

ずっとそう言いたかった。

「いのちの花」という言葉がスッと浮かんできたのは、きっとそのせいだ。

翌朝、一番乗りで教室に入ってきたのは、部活の朝練がある千葉ちゃんだった。

「何、これ。いのちの花プロジェクト……？」

黒板に落書きがあると「誰だ！」といつもなら怒って消す先生が、これだけは消さなかったのだ。

二番目に教室に入ってきたのは樹里称だった。

「見てよ、樹里称、これ」

「何かやるんだ。いいじゃん！　やろうよ」

まだ何をやるかも聞いていないのに、すっかり乗り気になっていた。

「何これ」

「いのちの花？」

「何やるの？」

教室がざわざわし始めた頃、始業のチャイムが鳴った。

「はい。みんな、注目！」

赤坂先生は、教室に入ってくると、ひとりひとりの顔を見渡して言った。

「これまでも愛玩動物研究室では、さまざまな課題研究に取り組んできたけれど、昨日、向《むか》井《い》と竹《たけ》ケ《が》原《はら》から、殺処分された動物たちの骨を肥料にして、花を育てたらどうかという提案がありました。それがこれ、〈いのちの花プロジェクト〉です」

いよいよだと思うと、すごくドキドキした。どんな反応がかえってくるだろう。

先生は続けた。

「この間も、校門の前に子猫が捨てられていました。みんな、あの時、どう思った？　先生はものすごく頭にきました。４日間連続で捨てられていたこともあったよな。そのたびに、みんなで必死に里親探しをしてきたけど、先生はいつも悔しかった。それならそれで、こっちにちゃんと連絡をとって、里親を探してほしい、手を貸してくれって、なぜ言わないんだ。せめてそうしてくれたら、なんぼでも協力するのに、一方的にそんなことをされて、でもこっちからは気持ちを伝える場がなかった。まるで厄介払いでもするみたいに無責任に犬や猫を捨てていく人たちは、自分たちがどんなにひどいことをしているのか、わかってない。こんなにひどいことをしているんだよ、あなたたちは命を捨ててるんだ、そう言いたくても、その声を届ける機会がなかった。昨日、お前たちが見たあの骨も、そうして捨てられて、自分たちの気持ちを伝える術がないまま死んでいった動物たちの骨です。あの骨がゴミとして処分されるのだということを知って、向井も竹ケ原も、里親を探すだけじゃダメだ、もっとこの事実を知ってもらいたい、伝えたいって思ったんだと思う」

みんな、真剣に聞いていた。

不安そうに鳴いていた犬たちの声や、週に2回、稼働する処分機、そのボタンを押さなければならない職員さんの涙。そしてあのたくさんの骨――。

これが現実だ……なんて思いたくなかった。

こんなの絶対におかしい。オトナ、フザケンナ！

絶対になかったことにはしない、そう思っていた。

「もちろんこれまで通り、ブランクッキーの開発やわんわんフェスタをやりたいという者もいると思うので、それぞれの班に分かれて進めてもらいます。いのちの花を一緒にやってみたいと思う人はいますか」

「はい！」

真っ先に手を挙げたのは凜ちゃんだった。

「すごくいいと思う。やります」

千葉ちゃん、樹里称も手を挙げる。

「いいね」

「やろう！」

反対する人はひとりもいなかった。何かしたいって思っていたのは、どうやら私と春乃だけじゃなかったみたいだ。

動物や植物や生きているものと向き合っていると、理屈じゃ言えない何かに突き動かされている感じがすることがある。この学校に来てから、いつもそう感じていた。

この時もそうで、あの時見た犬たちに何かを託されたような気がした。

人間はいつももらってばかりで、そのことをつい忘れてしまう。

でも死んでいった命からも、私たちはきっと学ぶことがある。

こうして、私、向井愛実と竹ケ原春乃、安田《やすだ》凜、千葉美好《みずき》、駒井《こまい》樹里称の5人が中心となり、プロジェクトの一期生として取り組むことになった。

これで何が変わるかなんてわからないけど、とにかくやろう。やるしかない。

2012年3月、「いのちの花プロジェクト」始動。

これがすべてのはじまりになった。

動物愛護センター主査、獣医師・荻野《おぎの》心太郎《しんたろう》さんは語る

三本木農業高校から「殺処分された犬の骨を譲ってほしい」という依頼があった時は、正直、びっくりしました。骨をもらってどうするんだ、何を考えているのだろうと。

でもお話を聞いてみると「あの骨を肥料にして花を育てる」ということだったので、ああ、それはなかなかいいアイデアじゃないかと思ったのを覚えています。

死んでしまった命、それも望まないかたちで殺されてしまった命を、花を咲かせることでよみがえらせたい——。

あの骨を植物と結びつけるという発想はなかったので、さすが農業高校の生徒さんたちだなと思いました。

動物愛護センターを見学する学校の中でも、三農のように殺処分を行う管理施設まで見学する学校はそう多くはありません。県内でも10校くらいだと思います。

泣いてしまう子は毎年何人もいます。

でも「何かしたい」、具体的にそういう申し出を受けたのは初めてでした。

いざ実行するとなると、いくつかクリアにしなくてはならないことがありました。
まず、あの骨が産業廃棄物に該当するかどうかを確認しなくてはならない。

産業廃棄物の場合、処分先をハッキリさせなくてはならないんですね。調べてみると、産業廃棄物ではなく一般廃棄物ということでしたので、問題はないことがわかりました。また、牛や馬などの家畜の死体を処理する場合、化製場法[*3]という法律で処理の仕方が決められているので、犬は家畜に当たるのか否かも確認しなくてはなりません。こちらも調べてみると問題がないことがわかりました。

聞くところによれば、他県の動物愛護センターでは、骨を粉にする機械を持っていて、敷地内の植栽の肥料にしているところもあると言います。考えてみれば、そもそも野菜などを育てる時の有機質肥料[*4]も動植物の死骸からつくられているわけで「骨を肥料に」という発想そのものは間違っていないわけです。

あとは三農の生徒さんたちが営利の活動に利用しないかどうか。無償でお譲りしたものので利益を上げるようなことをやられては困るので、この3点を確認する必要があったのです。いずれもクリアになり、法律的には問題がないことがわかりましたが、いざお譲りするとなると不安もありました。

殺処分された犬たちの骨ということで気持ち悪いと思う人もいるんじゃないか。「あの骨を肥料にして花を育てる」という発想が一般的に受け入れられるだろうか。生徒さんたちの中には「本当は殺処分された犬の骨なんて触りたくない」という子もいるんじゃないか。農業高校の生徒さんたちですから、きっと動物に興味があって、あの学校に行ってるんだろうし、ただでさえ動物が大好きな子たちだと思うんです。だからこそ、処分された骨がゴミとして捨てられるなんて可哀想だと思ったに違いないし、そういう子たちがその骨をさらに砕く作業をするっていうのは本当につらいだろうなと。それでも自分たちの活動が殺処分の減少につながると信じてやるわけで、本当に頭が下がるというか、偉いなあと。そういう生徒さんたちが万一にでも傷つくようなことにならないか、そのことが何より心配でした。

ですから、赤坂先生ともまずそのことを話し合いました。でも逆に赤坂先生を通して

＊3 化製場法――正式には「化製場等に関する法律」。化製場や死亡獣畜取扱場の設置や管理に関する規則を定めたもの。化製場とは、死亡した家畜の死体などを処理する施設の総称。

＊4 有機質肥料――動植物質からできている肥料。肥料効果のほかに土壌を改善するはたらきをもつ。

生徒さんたちの想いを聞いて、何か力になれないだろうかという気持ちにさせられたのです。


私が動物愛護センターに赴任したのは２０１２年の4月のことです。

それまでは青森県庁の保健衛生課にいて、食品や食肉の衛生に関することを担当していました。「動物愛護センターは、異動した最初の1年間は殺処分を担当することになる」ということも聞いていましたので、できれば行きたくないというのが本音でした。

殺処分が行われるのは週2回、水曜日と金曜日。

初めて処分機のボタンを押さなければならなかった日のことは忘れられません。

朝から気持ちがふさいで、押したくない、いっそ逃げ出してしまいたい、そう思っていた記憶があります。だからといって自分がすべての犬猫を引き取るわけにもいかない。責任ある立場で仕事をしなくてはならないこともよくわかっていました。

見学に来た三農の生徒さんたちの前で前任者が思わず涙を流したというのも、つらい現実を目の当たりにしてきたからこそでしょう。

そこには割り切ろうとしても割り切れないものがありました。

犬猫を処分すること自体もつらいのですが、すればしたで動物愛護団体の方から「お前たちは人間じゃない」くらいのことを言われて責められることだってあるわけです。こっちもジレンマを抱えながらやっているんだということはなかなか理解してもらえない。誰かがやらなければいけないということはわかっていても、毎日が葛藤の連続でした。

夜中に緊急用の携帯に電話がかかってきて「今からお前を倒しに行く！」と言われたこともあります。その男の人は、自分が知り合いに譲った犬が、何かの事情で愛護センターに持ち込まれたと知って、激怒して電話してきたのです。

緊急用の携帯は、本来、土佐犬のように人に噛みつくと危険な犬が町をうろついていた場合などにすぐに対応するためのものなので、かかってきたら出ないわけにはいかない。「明日、あらためて愛護センターの方でお話をうかがいます」と電話を切っても、酔っているのか、すぐにまたかけてきて「今すぐ自分が犬を取り戻しに行く！」とものすごい剣幕でした。

その言葉通り、翌朝、愛護センターに乗り込んできたけれど、調べてみるとすでに殺処分された後でどうにもならない。ひとしきり怒鳴り散らして帰って行ったのですが、そんな時はひどくやりきれない気持ちになります。

このことはほんの一例で、この仕事をしていると、生き物の死と向き合うということが、どんなに誤解されやすいことかも嫌というほど味わいます。正直、辞めたいと思ったこともありました。それこそ赴任したばかりの頃は、この仕事を続けていけるだろうか、毎日、自問自答していました。

三農から「骨をわけてほしい」という申し出があったのは、そんな時です。

今思えば、うちに持ち込まれた動物たちが最後はどんな運命をたどるのかを嫌でも目の当たりにしているからこそ、生徒さんたちのまっすぐな気持ちになんとかして応えたい、このプロジェクトを実現させてあげたい、そう思ったのかもしれません。

動物愛護センターに赴任して3年。

現在は主にふれあい活動の担当をしていますが、殺処分を担当しなければならなかった最初の1年があったからこそ、私も飼い主さんたちにどうしても伝えたいことがある。見学に来た生徒さんたちにお話しする時にも「うちで処分される犬猫はこのくらいいるんです、飼うなら最後まで飼ってあげてくださいよ」と思わず熱が入ります。

私自身、あのつらい体験が、今もこの仕事を続けている理由、使命感につながっていることは間違いないのです。

2012年9月に動物愛護法[*5]が改正されて、遺棄虐待の罰則が強化されました。終生飼育の責務に照らし合わせて、飼い主さんの努力をうながすことも明記され、是正されない場合は持ち込まれても引き取りを拒否できることになったことは、水際で殺処分を食い止めたい私たち職員にとって大きな変化でした。

改正前は、持ち込みを断ることができなかったんです。

たとえ断っても「法律に違反してるじゃないか」「動物愛護法35条を守れ」と詰め寄られたら、それまで。受け入れるしかなかった。

改正後は身勝手な飼い主さんには言葉を尽くして説得し、断ることもできるようになった。

＊5　動物愛護法——人と動物の共生する社会の実現を目指し、動物虐待・遺棄の防止、動物の適正な取り扱いなどに関する事項を定めたもの。地方自治体は「犬や猫等の引取を所有者から求められた場合、引き取らなければならない」と定められたため引き取りを拒否することができなかったが、2012年に改正され、「動物の所有者にはその動物が命を終えるまで飼育する責任があり、引取を求める相当の事由が認められない場合引取を拒否することが出来る」ようになった。

なったので、安易な持ち込みに対してはこちらも厳しい姿勢で臨むことができるようになったというわけです。ただ、逆にうちが引き取らないことで捨て犬・捨て猫が増えるのではないかという懸念もあります。近年、他県ですが、業者が遺棄処分したであろう犬たちの胸の痛む報道もありましたよね。今のところ、青森県内ではそうした事例はないのですが、今後も注意深く見守っていきたいと考えています。

今回の改正では、いわゆるブリーダーさんやペット販売業者に対する規制強化（生後56日を経過しない犬猫の展示・販売のための引き渡しの禁止、販売が困難になった犬猫の扱いに関する「犬猫等健康安全計画」の作成、不適正飼育が認められた場合の登録の取り消しなど）が実現したので、獣医師さんたちとも連携を図っていきたいと思っています。

ただ、みなさんに誤解してほしくないのは、身勝手な飼い主さんって実はそこまで多くはないいんですね。

たとえばひとり暮らしのお年寄りが入院することになって、東京で働いている息子さんが親御さんが飼えなくなった犬を連れてくるとか、やむをえない事情で持ち込まれることの方がむしろ多い。動物が好きな人が泣く泣く持ち込んでくるわけです。でもそれだって、飼う時に先々のことまでよく考えておけば、もっと違う対応ができたんじゃないかという気持ちは、どうしてもあります。

そうした現実を踏まえた上で殺処分を減らすために、具体的にはどういった対応をしているのか。引き取りに関しては、まず電話で相談を受けることがほとんどなので「うちに持ち込まれると処分されることもあるので、先に愛護団体に相談するといいですよ」というお話をします。対応してくれる愛護団体も紹介しますから、この段階で、そちらに行く方も多い。

でも愛護団体も無尽蔵にお金があるわけではないので「不妊・去勢手術をしていないと引き取れない」「引き取った後、病気が見つかった場合は、治療代は飼い主が負担する」などそれぞれに線引きをしています。そこで断られた場合には、うちに来ることになる。

年をとって立てなくなった犬を、動物病院で安楽死させてほしいと頼んだところ、断られて、うちに持ち込まれてきたこともありました。あの時は、うちで誰にも看取られず殺処分されるくらいなら、まだ動物病院で飼い主さんに見守られながら安楽死させられた方がよかったんじゃないかと、さすがに複雑な気持ちになりました。

海外では寝たきりになった犬の尊厳死も一般的なようですが、日本ではあまり積極的ではないようです。どちらがいいとは言えませんが、飼い始めたからにはやはり終生面倒をみていただきたい。

譲渡希望者には、必ず誓約書を書いてもらいます。

せっかく里親になっても、飼いきれなくなって、またうちに持ち込まれたのでは困るので、最初に正しい飼い方を知っていただく。

犬1頭、生涯面倒みようとしたら、だいたい300万円かかると言われています。もちろん犬種や飼い方によって金額は変わるでしょうが、お金がかかるんです。そこは飼い始める前に肝に銘じてほしいんですね。

それから不妊・去勢手術を必ずしていただきたい。これができないという方には、譲渡をお断りしています。狂犬病予防法があるので、犬を飼う際には登録と予防注射も必須です。

こうしたお話をさせていただいた後で、誓約書を書いてもらい、譲渡するわけですが、いざ犬を目の前にしちゃうと、どうしてもそっちに熱中しちゃうので、大事な話をする時は一旦犬を引っ込めて、こっちを向いて、きちんと話を聞いていただくようにしています。

当たり前のことを言っているようですが、これから飼う人たちが正しい飼い方をしていくことこそが希望になる。そう思うからです。ふれあい活動で子どもたちに話をする時も、そのことを実感しています。

時には2時間3時間かけて、遠方の保育園や小学校まで出かけることもあります。遠くまで移動するのは犬たちにはちょっと可哀想なんですが、明るい未来のために頑張ってくれよと。

わっと喜んで駆け寄ってきた子どもたちに「この犬は捨て犬だったんだよ」という話をすると、やっぱりすごくびっくりします。

「動物を飼う時はちゃんと最後まで面倒をみようね」

真剣に聞いている子どもたちの姿に、10年後20年後の未来を託すような気持ちです。

私自身、動物が好きで、動物に関わる仕事がしたいから獣医になったわけで、そういう人間にとってはつらいことも多い現場です。それでも自分が治療したことで里親が見つかった犬猫もいるし、救うことができた命もある。動物が好きだからこそ水際で踏ん張っていくしかない。今はそう思っています。

第三章

この花の里親になってください

安田《やすだ》 凜《りん》さん

三本木農業高校動物科学科愛玩動物研究室卒業生。
いのちの花プロジェクト一期生。
卒業後の現在はユニクロで働いている。

骨を砕く

動物愛護センターを見学したあの日、赤坂先生も泣いたんじゃないか。

私は、今でもそう思ってる。

だって私たちよりずっと、先生の方が泣き虫だから。

あんなに犬が大好きな先生が、あの骨を見せられて泣かないわけがない。

いのちの花プロジェクトをやることが決まってからも、赤坂先生は、骨をわけてもらえるかどうか、動物愛護センターに交渉したり、先陣を切って動いてくれた。

たぶん生徒だけの力では、ここまで動けなかったと思う。


骨の引き渡しが行われたのは3年生になってすぐ、２０１２年の4月のことだった。

動物愛護センターに見学に行ったのが2年生の3月だから、そこからの動きは本当に早くって、あの時は本当に何かに突き動かされていたような気がする。

殺処分された動物たちの骨を砕いて、花の肥料にする。

とにかく何かをしたいと思っていた私たちにとって、それはこれ以上ないアイデアに思えたのだけど、実際に始めてみるとすべてが手探りだった。

初めて骨を砕いた日のことは忘れられない。

2袋ぶんの骨を前にして、どこから手をつけたらいいのかもわからず、しばし呆然としていた。お米かセメントでも入っていそうな大きな袋は、2人がかりで持ち上げても、ずっしりと重い。

とりあえず土を入れるための園芸用のプラスチックケースに、ざーっと出してみた。

上の方は大きい骨ばかりで、それこそ漫画に出てくるような、いかにも骨というかたちをした骨があったり、犬の歯が出てきたりして「こんなにわかりやすいかたちをしてるんだね」と言ったきり、みんな、固まってしまい、なかなか次の作業を始められなかった。

今思えば、当たり前だ。誰もそんなこと、やったことがないんだから。

骨を砕くといっても、どんな道具で砕いたらいいのかさえわからなかった。

「とりあえずスコップでやってみる？」

おそるおそる作業にとりかかってみたものの、スコップじゃ全然歯が立たなかった。思い切りやっても割れるだけで、いろんなところに欠片が飛び散ってしまう。ひとつひとつの骨は手にとると軽いのに、砕こうとすると頑丈でなかなか砕けなかった。

金槌があったので、それも試してみたけれど、やっぱり難しい。

肥料にするには、砂粒くらいまで細かく砕く必要があった。

ビニールハウスの一角で作業していた私たちは、いろいろ試した後、そこにあった園芸用のレンガで叩いてみることにした。

片手じゃちょっと持てないくらいの大きなレンガだった。

それぞれにレンガを手にしたものの、なかなか骨の上に振りおろすことができない。

いざとなると、ひるむ気持ちがあった。

「やるよ」

誰かが言って、思い切って一振り、もう一振り、レンガを振りおろしていく。

もう骨になっているのに、振りおろすたび、犬たちが悲鳴をあげている気がした。

まさかこんなつらい作業になるなんて、やる前は思ってもいなかった。


つらかったことはまだあって、袋に入っていたのは骨だけじゃなかった。

リードについている金具や名前が彫られたプレート、小さな鈴、生きていた頃に誰かに飼われていたしるしがいくつも出てきた。

「これって、つまり飼い主がいたってことだよね」

ほとんど涙声になって、樹里称が言う。

それでも泣かなかったのは、心配そうに作業を見守っている赤坂先生が「つらかったら、やめてもいいんだぞ」と言ったからだ。

つらかったけど、誰もやめようとは言わなかった。

「よし、先生も一緒にやるかな」

レンガを手にとって、赤坂先生も作業に加わった。

砕いた骨をふるいにかけては、残ったかけらを集めて、また細かく砕いていく。

ビニールハウスの中にはトントン、トントン、レンガを小刻みに振りおろす音だけが響いていた。そうやって作業に没頭していると、どのくらい時間が経ったのかもわからなくなる。

最初の日は軍手やマスクをすることも思いつかなかったので、作業するうち、手がすり切れて粉だらけになった。骨の粉は頬や髪にもついて、自分たちがいつの間にか、真っ白になっているのにも気がつかなかった。

しばらくして沈黙を破ったのは、赤坂先生だった。

「いやあ、これはつらいなあ」

「……！」

なんで、今、そんなこと言うかなあ。

先生にそんなことを言われたら、こらえていた涙がぶおっと噴き出してくる。

「みんな、大丈夫か」

「大丈夫です」

「続けられるか」

「やります！」

「そうか。いやあ、参ったなあ。先生も泣きそうだ」

そうして来る日も来る日も骨を砕く毎日が始まった。

ビニールハウスの外に出ても「まだ骨の匂いがする」と思ったら、鼻の穴の中が真っ白だったり、髪の毛がキシキシしたりした。

「何だろう、これ」

骨とも、歯とも違う、黒い大きな塊……それは心臓だった。作業中のトレーから取り出そうとしたら、あっけなく砕けて粉になった。何も言えなかったのは、怒りと悔しさと悲しさと申し訳なさがいっぺんに込み上げてきたせいだ。

つらかったね。ごめんね。

黙々と骨を砕いていると、どうしてもいろんなことを想像してしまう。

この骨はどんな犬種のものなんだろう。小さい骨だから、小型犬だろうか。どんな人に飼われていたのかな。どうしてその人はこの犬を手放すことにしたのだろう。

ひたすら手を動かしていたけれど、あとからあとからいろんな思いがわいてきた。誰も何も言わなかったのは、みんな、そうやって死んでいった犬たちの声にじっと耳を澄ませていたからだと思う。

「そんなにつらいのなら、骨を砕く機械もあるらしい」と言われたけど、断った。せめて自分たちの手で土に還してあげたかった。


骨を砕くのは、思ったよりずっと時間がかかった。

集中して1時間やっても、やっと掌にのるくらいしかできない。

朝も昼も放課後も、ずっとビニールハウスに通った。課題研究ということで、農場実習の時間もこの作業をする許可をもらい、ひたすら骨を砕いた。

入り口を開け放しておくと砕いた骨が風に飛ばされてしまうので、暑くても締め切ったまま作業した。実習着にマスクと軍手をして、レンガを小刻みに振りおろしている私たちは、知らないで通りがかった生徒からは、ちょっと異様に見えたのかもしれない。

「何やってるの？」

「骨を砕いてるの」

「はあ？　何それ」

うまく説明することができなかった。

気持ち悪い、そう言われてしまいそうで。

ただならぬ様子に、農場部の藤森《ふじもり》先生も様子を見にやってきた。

「どうした、お前たち。泣いたりして。何かにとり憑かれているみたいだぞ。犬の骨に呪われるぞ」

笑えない冗談に、思わずキッとなると「すまんすまん。退散退散。あんまり感情的になったらダメだぞ」と諭すように言い残して、どこかに行ってしまった。

私たちは、だんだん無口になっていった。

あの頃、あんなに参っていたのは、自分たちがやっていることを周りにうまく説明できないジレンマ、認めてもらえないつらさがあったからだと思う。

たくさんの動物たちが殺処分されている、この現実をたくさんの人に知ってほしくて始めたことだったけれど、これでいいんだろうか。身近な人にさえ、うまく伝えることができないのに、このやり方で本当に伝わるんだろうか。

何もかも手探りだったから、考え始めると不安でたまらない。誰かに声をかけられても、だんだん必要最低限のことしかしゃべらなくなった。

へんに誤解されるくらいなら言わない方がマシ。この気持ちはたぶん、やったことのある人にしかわからない……そんな諦めにも似た感情に飲みこまれそうになっていた。


今思うと全然、らしくなかった。私も、愛実も、春乃も、千葉ちゃんも、クラスの中でも率先して騒ぐタイプなのに、とてもじゃないけど、そんな気分になれない。いつもなら風変わりな持論を展開して、みんなを笑わせる樹里称でさえ、この頃はどんより暗い顔をしていた。

毎日、毎日、骨を砕く作業をしながら、死んでいった犬たちのことをずーっと考え続けていたら、言葉にならないいろんな気持ちをじっと抱え込んでしまった。

沈黙は、日に日に重くなり、心にのしかかっていった。

生きてる犬なら、里親を探してあげることもできる。新しい飼い主が見つかるまで、世話をしてあげることだってできる。でも死んでしまった犬たちには、してあげられることが何もない。だからせめて心の中で話しかけるしかない。

沈黙の中にすいこまれていった言葉にならない言葉は、一体どこに届くんだろう。

最初の一輪

最初の一輪が咲くまでは、だから本当にキツかった。

はじまりはなんだったっけ。

どうしてこんなこと、やろうと思ったんだっけ。

殺処分された犬たちの骨がゴミとして捨てられていると知ったあの時、私も何かできないかなと思ってはいたけど、たぶん自分は何もできないだろうなって、心のどこかでそう思っていた。

テレビを観れば、毎日、いろんなニュースが流れてくる。

知らなかった、可哀想、つらいだろうなって心からそう思ったとしても、ちょっと立ち止まって、でも何もできないまま、なんとなく通り過ぎてしまう。

特別なことじゃない、それがたぶん普通なんだと思う。

「俺、無理」って男子が殺処分施設で骨を見ようとしなかった時も、すごく腹が立って「見にいけよ、見て、ちゃんと現実を知れよ」って心の中でずっと怒ってたけれど、考えるだけで結局何もできないとしたら、なんだ、私だって同じじゃん。そう思ったら、心がすーすーして虚しくなった。

学校で感想文を書かされて「言葉を失った」とか「つらい」とか、もっともらしいことをいっぱい書いて、それが本当の気持ちだとしても、それで気が済んじゃうとしたら、ほんと、私って、なんなんだろう。

「いのちの花プロジェクトをやりたい人はいますか？」

赤坂先生がみんなに聞いたあの時、「はい、やります！」、真っ先に手を挙げていたのは、きっとそのせいだ。

びっくりした、自分に。

私にも何かできるかもしれない。

そう思ったら、耳の奥がカッと熱くなった。

ようやく必要な分の骨を砕くことができたのは、作業を始めてから3週間くらい経った頃で、3週間の間、来る日も来る日も黙々とあの作業をしていたのかと思うと、自分でも驚いてしまう。あの頃のことを思い出そうとしても、骨を砕いていたこと以外、自分が何をしていたのか、記憶がない。

つまり相当、参ってたってこと。

できるだけたくさんの人に配りたいから、まずは300鉢用意することになって、「いよいよだな」って赤坂先生は張り切っていたけど、そんなにたくさんつくって大丈夫なのか、もらってもらえないんじゃないかって本当はすごく心配だった。

そもそも動物科学科の私たちにとって、こんなにたくさんの花を育てること自体、初めてなのだ。

「花とか育てたことある？」

「小学生の時、朝顔の観察日記書いたけど、それくらいかも」

「ピーマンなら育てたことあるけど」

心細いったらなかった。

「だったら、マリーゴールドにしたらいい」と勧めてくれたのは、あの「呪われるぞ」の藤森先生と、同じく園芸を担当している佐々木《ささき》先生だった。ふたりは、赤坂先生に頼まれて、植物のことは何もわからない私たちの助っ人になってくれたのだ。

「マリーゴールドなら寒さにも強いし、丈夫で花もつきやすいから、初心者でもきっと大丈夫だから」

砕いた骨と培養土を1対9の割合で混ぜたら、いよいよプランターに種を蒔いていく。

マリーゴールドの種は、ちっちゃい線香花火みたいなかたちをしていた。

「種を蒔くことを〈播種〉と言います。10日くらいしたら芽が出てくるから、ポリポットに植え替える。そこから花がつくまでの〈育苗〉の時期が、植物にとっては一番デリケートな時期だから、水やりを忘れず、きちんと管理すること」

ひとさし指と親指で種をつまんで、土をかける。

水やりは当番を決めて、交代でやった。初めて芽が出たのを目にした時は、やっと……という思いがあった。やっとここまできた。

ひとつずつ、ポリポットに移植する。

まだ小さくて頼りない芽は、注意深くあつかわないと風に飛ばされてしまいそうだ。

木の棒を使って、まず土に穴をあける。

芽をつまんで、穴に入れたら、土をかける。たったこれだけの工程だけど、浅く植えるとすぐ抜けてしまうので慎重にやらなくちゃいけない。

「うまいうまい。その調子。大丈夫よ」

そう言って励ましてくれたのは、農場で働いているお母さんたちだった。

「たくさん花がつくといいねえ」

「咲くかな」

「咲くよ」

「お願いだから咲いて」

マリーゴールドの芽って、こんなかたちをしてるんだ。

濃い緑色の葉っぱをまじまじと見てしまう。

どうか花が咲きますように。

この小さな芽が、私たちの希望だから。

小さな命に背中を押されるようにして、私たちはちょっとずつ、本来の前向きさを取り戻していった。

最初の花を見つけたのは誰だったろう。

「咲いてる!」

走ってみんなを呼びにきた。最初の一輪が咲いた。ついにこの日がきた。みんな、われ先にと駆けだしていた。

「なんだなんだ。そんなに慌てなくたって逃げやしないぞ!」

藤森先生にチャチャを入れられても、もう全然平気。ちっとも気にならなかった。

「咲いたねえ!」

「うん。咲いた」

「やったあ、って感じ?」

ハイタッチして抱き合いたいくらい嬉しかったけど、ここがゴールじゃない。

元気に成長した苗は、20日目には、たくさんの花をつけた。

いよいよ、鉢上げだ。ひとつひとつ、鉢に植え替えていると、あの気の遠くなるような骨を砕く作業がようやく報われた気がした。

「土は優しくかぶせること。ぎゅっと手で押して固めたりしたらダメだぞ」

普段はやらない作業に戸惑いながらも、大事に、大事に植え替えていく。

いのちの花のお披露目は、わんわんフェスタの会場で行うことになった。

まずは150鉢。ひとつひとつにシールを貼っていく。

「殺処分ゼロ社会を目指して　いのちの花プロジェクト」、シールに書いてあるこの言葉はわんわんフェスタ全体のスローガンでもある。

シール貼りの作業は、私と愛実と春乃がやった。2年生で陸上部を引退していた3人は「部活よりキツイ」「バイト料ほしいよね〜」と言い合いながら、せっせとシールを貼り続けた。ソフトボール部を抜けられない千葉ちゃんは、主にレジュメの写真整理を担当。当日のスピーチは、ここ一番の時はいつもその文才を頼りにされてきた愛実がすることになった。


2012年5月20日、わんわんフェスタ開催。

快晴に恵まれたこともあって、朝9時に受付を開始する頃には、すでにたくさんの人が集まっていた。イベントに参加するため、愛犬を連れている人も多い。

飼い主に呼ばれて、一目散に駆けていくゴールデン・レトリバー。甘えてお腹を見せているミニチュア・ダックスフント。

「それではこれから最初の競技、鉄WANダッシュを始めます。参加希望の方は、スタート地点に集まってください」

競技が始まると、飼い主さんと息を合わせて、見事に障害を跳び越える子もいれば、大きくコースアウトして、飼い主さんを慌てさせる子もいた。そのたびに観客もドッと沸いて笑顔がこぼれる。会場は幸せそうなたくさんの犬たちで溢れていた。

楽しげな様子に、急に不安になった。「犬の骨が肥料だなんて気持ち悪い」と受け取ってもらえなかったら、どうしよう。

「そういう人もいるかもしれないけど、受け取ってくれる人もいるよ、きっと」

「だよね。半分くらいは受け取ってもらえるんじゃない」

「それって強気なんだか弱気なんだか、わからないし」

伝わるだろうか。わからない。でも伝えたくて、ここまでやってきた。

種を蒔いた時も、芽が出た時も、初めて花が咲いたあの時も、この日のことをずっと想像してきた。伝えるっていうのは、想像の向こう側へ行くこと。だから怖い。だから勇気が要る。人見知りだなんて言ってられない。ここまで来たら、踏ん張れ、自分。

その日の朝、手分けをして搬入した１５０鉢のマリーゴールドは、日差しをたっぷりと浴びながら、出番を待っていた。

すべての競技が終わって、ついに愛実のスピーチが始まった。

「骨を砕いた時には、これまで味わったことのない悔しさとやるせなさを感じました。この骨は、何が起こったのかも知らず、声をあげることも許されないまま、殺処分され、死んでいったたくさんの動物たちの命です。花としてもう一度、生まれ変わらせることで、何も言えず死んでいった動物たちの心の声を訴え、たくさんの人たちに伝える架け橋になりたいと思いました」

いつも堂々として落ち着いている愛実なのに、この日はお客さんを見る余裕はなかったという。聞きながら、みんな、ちょっと涙ぐんでいた気がしたのは、これまでの日々を思い出したせいだ。

あの日、殺処分施設で悲しげに鳴いていた犬たち。ゴミとして処分されるたくさんの骨。あのままスルーすることなんてできなかった。

思うのは簡単。でも何かを行動に移すことは本当に難しい。

その時は胸に刺さっても、結局は何もできないまま通り過ぎてしまう。

自分のそういうふがいなさに、いつの間にか慣れてしまいそうで、そのことがとてもイヤだった。

ひとりだったら何かをしたいと思っても、たぶん、いや、絶対に何もできなかったと思う。赤坂先生と愛玩動物研究室のみんながいたから、こうしてかたちにすることができた。動物愛護センターの職員さんや農場部の先生たち、応援してくれた農場のお母さんたち、家族や友達、いろんな人が協力してくれて、ここまできた。

１５０鉢のマリーゴールドには、そういう思いの全部が詰まっていた。

「この花は、死んでいった動物たちの生まれ変わりです。この花の里親になってください」

愛実のスピーチが終わった。どうか届いてほしい。

何も言えなかった犬や猫たちの思いを、私たちがつないでいく。

この花から何かを感じてほしい。そして、知ってほしい。

立ち止まって、真剣に聞いてくれる人がいた。愛犬を抱き上げたまま、泣いている人もいた。大勢の人たちが最後まで耳を傾けてくれた。

パラパラと起こった拍手は、力強い輪のように広がって、いつしか私たちを、あたたかく包んでいた。

「あの……」

「は、はいっ」

高揚感にボーゼンとしていた私は、声をかけられて、我に返った。

「この花、もらってもいいですか」

「はい。ありがとうございます！」

ひとつ、またひとつと花を手渡していく。

「頑張ったね」

「本当に生徒たちでやったの？」

そう声をかけてくれる人もいた。小さな子も、お母さんと一緒に「お花ください」ともらいにきてくれた。

黙ってるからって何も感じてないわけじゃない。うまく伝えられなくて伝えることを諦めてしまったこともあった。誤解されるくらいなら、言わない方がマシ。投げ出したい時もあった。それでもどうしても伝えたいことがあった。

この世界には、たぶん言えなかった言葉が溢れていて、それは風になり、花になり、ふいに、私たちの心を揺らす。

用意した鉢は、ひとつ残らず、すべて手渡すことができた。

「ありがとうございます。どうか大切に育ててください」

たかが一輪の花かもしれない。

でも、あの最初の一輪が咲いた時の気持ちを、それをお客さんに手渡すことができた時のことを、私はずっと忘れないと思う。

卒業した今、思うこと

私は今、地元のユニクロで働いている。

三農を卒業後、動物看護師になろうと仙台の専門学校に行ったけれど、いろいろあって、やめて、八戸に戻ってきた。今はそれでよかったと思っている。

その専門学校には動物病院が併設されていたので、在学中は、朝は早く行って、専門学校の動物たちの世話をしてから授業を受けて、学校が終わると今度は動物病院の動物たちの世話もして、当番がない日はアルバイトをした。肉体的にも精神的にも余裕のない生活の中で、自分がだんだん息切れしていくのがわかった。

頑張らなくちゃ。それでもそう思って、必死に頑張っていたけど、ギリギリのところで無理を重ねていたのだろう。ある日、体調を崩して、当番を休んでしまった。

「昨日、当番だってわかってたよね。まさか休むような人とは思わなかった」

先輩にズル休みと誤解されて、一方的に責められた時、私の中で何かがぷつりと切れてしまった。今思うと、先輩もやることがありすぎてキツかったんだと思う。でもあの時はお互いに余裕がなかった。

たいていのことなら我慢できる。笑顔で受け流すことだってできる。自分はそうやって周りにうまく合わせられるタイプだと思ってきたけど、本当は違ったみたい。

「ズル休みなんかじゃありません！　本当に体調が悪かったんです」

思わず言い返していた。そしてそれは本当のことだったのに、生意気だと思われたのか、翌日から先輩は目も合わせてくれなくなって、私は学校に行くのをやめた。

自分にそんなことができるなんて思わなかった。

三農で3年間、寮生活を送った時も、とにかくここで頑張るしかないんだからって自分に言い聞かせて頑張った。馬学の授業で落馬した時も、本当は馬が怖くなってしまったけど、それでも授業だから休まないし、休めない。私にはそういうへんな真面目さがあって、頑張らなきゃ、逃げたらいけない、ずっとそう思ってやってきたけど。

頑張っても頑張っても、どうしてもダメな時ってあるんだな。

専門学校から足が遠のいてしまったあの時、私は、初めてそれを知った。

でも先輩に誤解されて悔しかった時も、我慢して笑うんじゃなくって、ちゃんと言えた。

今はもう、それでいい。

「帰りたいなら帰ってきていいよ」

親がそう言ってくれたから、八戸に帰ってくることができたけど、たぶんあのまま仙台にいてもダメだった気がする。


物心ついた時から、そばに犬がいた。

とにかく動物を絶やしたことがない家で、三人きょうだいの末っ子で一番チビだった私は、先住の犬たちによくバカにされた。2匹とも雑種で、母犬の方は母親が拾ってきた犬で、もう1匹はその犬が産んだオス犬だった。

思えば、その犬たちの死が、私が初めて立ち会った死だった。

犬の寿命が人間より短いことを知らなかったわけじゃない。でも生まれた時からそばにいて、いるのが当たり前だったから、いなくなる日のことなんて想像したこともなかった。

2匹とも末期のガンだった。母犬がまず逝って、もう1匹も追いかけるように死んでしまった。母犬は推定19歳だと言われた。犬にしたら大往生だったけど、私は泣いた。末期だったし、年もとっていたから、手の施しようがなかった。お医者さんにも「無理して手術させるより、このままの方がいい」と言われた。

それまで外で飼っていたのを家の中に入れてやるぐらいしか、できることはほとんどなかった。何にもしてあげられなかったあの時、私は動物看護師になろうと決めたのだ。

現実を知ると、いろいろ厳しいなあ。

専門学校から足が遠のいてしまい、居場所をなくした私が、途方に暮れたような気持ちで思い出していたのは三農のことだった。

自宅から通える春乃や千葉ちゃんと違って、八戸に実家がある私と愛実は3年間ずっと寮生活で、学校はもう十分、早く卒業したいって思っていたはずなのに、なんでだろう、卒業してから、つい三農に足が向いてしまう。

千葉ちゃんや愛実もそうだったのかな。

「仕方ないなあ。赤坂先生の顔でも見に行くか」

よく3人で誘い合っては三農に顔を出した。

専門学校に通っていた頃は先が見えない不安といつも闘っていたから、トリマーを目指して頑張っている愛実や春乃のことがやたらまぶしく見えた。自分の技術のレベルはどのくらいなのか。プロとして通用するのか。プロになれたとして経済的に自立できるんだろうか。授業に出ている時は目の前の課題をこなすのに必死だったけど、学校に行かなくなってから、あらためて考えた。もし動物看護師になれたとして、自分は手取り12万円の月給であの大変な仕事を続けていくことができるんだろうか。また、いっぱいいっぱいになって、つらくなってしまうんじゃないか。そう思うと、どうしても専門学校に戻る気になれなかった。

専門学校をやめて、地元に戻ってから1週間もしないうちに、私はひとり三農に向かっていた。在学中は赤坂先生なんて口うるさくって面倒くさい、そう思っていたはずなのに、なんでだろう、こんな時、無性に会いたくなる。

「おう、なんだ。安田。夏休みか」

久しぶりに会っても、赤坂先生は相変わらずだった。のんびりそう聞いてきたので、こっちも一息に言うことができた。

「いえ。ちょっと専門学校、やめてきました」

「そうか。……ええっ!?」

赤坂先生だけじゃない。いろんな先生から「まさか安田がやめるとは思わなかった」と言われた。一番やめそうにない、こいつだけは何があっても卒業するだろうとどの先生も思っていたみたいで、期待を裏切ってしまった申し訳なさと、それでも一応報告が済んだことで肩の荷を下ろしたような解放感が同時に押し寄せてきた。

「そうか。じゃあ、こっちに戻ってきたのか」

「はい。親が帰ってきていいと言ってくれたので」

「それで今、どうしてるんだ」

「いつまでも遊んでるわけにはいかないし、先週からユニクロで働いてます」

「そうか。もう働いてるのか。なら、まあ、大丈夫そうだな」

先生にそう言われると、自分でもそんな気がした。

たぶん、大丈夫。ここからまた始めればいい。


ふるさとって何だろう。

生まれ育った町に帰ってきて、ふと思うことがある。

実家の前は雑木林で、子どもの頃はよくカブト虫をつかまえた。

私は、まだ暗いうちから起きて、カブト虫をおびきよせようと木に砂糖水を塗ったりする子どもだった。ペットショップで買ったのなんてハムスターぐらいだと思う。飼っていたペットはみんな、ザリガニも、カエルも、うちの近所でつかまえたのだ。犬は拾った犬だし、猫はいつの間にか軒下に住み着いていた。

海風に吹かれながら、思う。

八戸って、こんなにいいところだったかな。

思っていた進路とはちょっと違うかもしれないけど、今の仕事は楽しい。案外、販売の仕事も向いてるんじゃないかって思っている。

家には、今、柴犬がいる。帰ると、しっぽを振って出迎えてくれる。やっぱり、うちは動物を絶やさない家なのだ。これからもずっと何かを飼い続けたいと思う。

動物たちは、私にいろんなことを教えてくれるから。

命はどこからきて、どこに還っていくんだろう。

あの頃、三農で学んだことは、今も私の中にある。

農場部・藤森陽介《ふじもりようすけ》先生、佐々木《ささき》哲《さとる》先生は語る

佐々木先生「いのちの花プロジェクトに協力してほしいと赤坂先生から相談を受けて、私たちは、そこからあの子たちと初めて顔を合わせて一緒にやっていくことになりました。同じ学校でも自分たちは植物科学科がメインで、実は動物科学科の生徒のことは、それこそ名前も知らなかったんです。さすがに犬の骨を肥料にしたことはなかったけど、植物科学科ではホタテの貝殻を砕いてミネラル成分を補給するってことはよくあることだから、生徒たちが泣き出した時は本当にびっくりしました。まさか泣くとは思わなかった。愛玩動物研究室の子たちだから普段から動物とふれあっているし、まして動物愛護センターまで行って自分たちで骨をもらってきたから、犬の気持ちに感情移入したんでしょうね」

藤森先生「それこそ1日目なんてずっと泣いてましたから。しかもひとり泣いたら、もうひとりも泣き出して、伝染していた。それも何の前触れもなくワッと泣いたので、つい〝何かにとり憑かれたのか。呪われるぞ〟って冗談半分で言ってしまったんですけど

……。さすがに心配になって、赤坂先生にもすぐに伝えました。赤坂先生も、あの子たちが〝骨を砕いてるなんて、親には胸を張って言えないかも〟みたいなことをボソッと言ってるのを聞いたらしくて、このやり方でいいんだろうか、間違っていないだろうかって、すごく心配していましたね。続けていくのかどうか、そこからみんなで考えながらやっていった感じでした」

佐々木先生「実際の話、犬の骨を肥料にしたからといって、それで植物がものすごくよく育つかといったら、多少効果はあるかもしれないけれど、そこまでは変わらないような気もするんですよ。普段、植物科学科でやっているのは、それを使うことでどのくらい効果が出るのか、生育の違いを学ぶわけですが、いのちの花プロジェクトの場合は、そういうことじゃない。死んだ動物の骨を土に還す、そうして花と一緒に生育させることでもう一度よみがえらせる。そのプロセスを体験することで、あの子たちが、命について何を思い、何を感じるかが大切なんですよね」

藤森先生「それとなく様子を見ていたら、なんで変わったのかはわからないけど、だんだん泣かなくなったんですよ。たぶん骨を砕く作業が一番つらかったんだと思います。でもそのぶん、どんどん結束が強くなって仲良くなっていったので、ああ、これならきっと大丈夫だって思いましたね」

佐々木先生「きっとその間にあの子たちなりにいろんなことを考えたんでしょうね。農業高校の先生は、みんな、そうだと思うけど、生きてるものが死ぬのは当たり前みたいなところがあるんです。死んだら、あ、死んだ、みたいな。そこで悩むってことはあまりない。だって当たり前のことだから」

藤森先生「なんでそう思うのかっていったら、自分が食べてますからね、肉を。お前ら、肉食う時、かなしいねって食うのかっていうね。そこはやっぱり、おいしいね、だろって。まあ、こういうふうについ冗談めかして言うから、あの子たちににらまれちゃうんだろうなあ（苦笑）」

佐々木先生「なんでマリーゴールドにしたかっていうと、植物科学科では小学校、中学校に配布する花壇苗として3月にはマリーゴールドとビオラを12万ポットつくるんですよ。6月にはシクラメン。シクラメンは11月の三農祭の時に販売します。それが終わったら、サイネリア。卒業式のステージを飾る花を育てるんです」

藤森先生「植物科学科っていっても、花だけじゃないんですよ。野菜もやるし、稲も育てる。私も、今は園芸を担当してますけど、実は専門は野菜なので、自分の得意な分野だけで勝負してるわけじゃない。だから農業高校の先生たちは日々勉強なんです。自分たちも一緒に学んでいかないと、生徒たちに教えられない」

佐々木先生「そこも普通高校とは違うところかもしれませんね。普通高校だと先生はその科目の専門家として得意分野を教えるってスタンスだけれど、農業は幅広いし、やり方も日進月歩だから、それだと追いつかないんです。教科書通りにいかないのもいつものことで、何を隠そう、私、サボテンを枯らしたことがありますから。教科書には〈こういう温度で何日すれば芽が出ます〉って書いてあったとしても、実際にやってみると天候や土の状態、環境によって結果はまるで違ってきます」

藤森先生「だから一からどころかゼロからのスタートですよ、いつも。教えながら、共に学んでいくしかない。いのちの花プロジェクトも、彼女たちの志を受け継いだ愛玩動物研究室の次の代の生徒たちが引き継ぐことになり、翌年、日本学校農業クラブ連盟[*6]の

＊6　日本学校農業クラブ連盟――農業科や総合学科をもつ高等学校に属する生徒で組織され、「指導性」「社会性」「科学性」の育成を目標としている団体。この連盟が主催する、日本学校農業クラブ全国大会では日頃学んだ学習の成果を競い合うため「農業高校生の甲子園」とも呼ばれ、「いのちの花プロジェクト」は２０１３年に最優秀賞を受賞した。

全国大会まで進んで最優秀賞を受賞しました。僕らはあの子たちが泣きながら始めたのを見てますから、あの時は本当に驚きました。日本一になるならマリーゴールドじゃなくて、シクラメンとかもっと華やかな花にしたらよかったかな」

佐々木先生「いや、でもマリーゴールドは強いから。せっかく育苗までいっても、うっかり水やりを忘れて枯れてしまったら、それまでの1か月が無駄になってしまう。サルビアのようなデリケートな花だと、水も直接やるんじゃなくて、やる前に少しあたためてやらないといけなかったりするんですよ。せっかくあの子たちが、あんなに頑張っているのに花が咲かなかったらショックを受けるかもしれない。だからできるだけ強い苗がいいと思ったんです。マリーゴールドなら虫もつきにくいし、育てやすいから、きっとうまくいく。そう思っていたけど、いやあ、本当に咲いてよかったです」

第四章

それぞれの道

竹《たけ》ケ《が》原《はら》春《はる》乃《の》さん

三本木農業高校動物科学科愛玩動物研究室卒業生。
いのちの花プロジェクト一期生。
現在は盛岡の専門学校でトリマーを目指している。

トリマーを目指して

それは、私が通っているトリマーの専門学校の実習先で起こった。

ケージを開ける前からものすごい異臭がして、ただごとじゃない予感がした。

体に合わないケージにぎゅうぎゅうに押し込まれていたのを、傷つけないように、おそるおそる1匹、もう1匹と引っ張り出したら、コロコロとウンチが一緒に転がって出てきた。カラカラに乾いているそれはどう見ても、今、したものではない。ずいぶん長いこと、ほったらかされていたのだろう。毛はベットリと汚れた状態で、あちこち、からまっている。目ヤニは皮膚にくっつくぐらい張り付いていて、爪も伸びっぱなし。歯もすごく汚い。

ダックスフント、ヨークシャーテリア、プードル、しかもこんな状態で3匹も飼ってるなんて！

「じゃあ、よろしくお願いします」と言って帰って行った飼い主さんに、聞きたかった。

一体、どうしたら、こんなふうになるんですか。

3匹とも、毛をざっと流しただけで水が真っ黒になった。

動揺を鎮めたくて、つい愛実の姿を探してしまう。同じ専門学校に友達がいるというのは、こんな時、とてもありがたい。

「(見た?)」

「(見た!)」

アイコンタクトを交わし合うだけでも「支え合ってるなあ、あたしたち」と思う。それだけで、気持ちがちょっと軽くなる。

だってあんな不衛生な環境で、ろくに世話もされず飼われていたら、いまにこの犬たちは病気になってしまうんじゃないか。平静を装って手を動かしてはいたけれど、本当は可哀想で胸がつぶれそうだった。


その家がどんな状態かは、その家で飼われている犬を見ると、なんとなくわかる気がする。世の中には、いろんな飼い主さんがいる。専門学校に通い始めてから、日々、そのことを実感していた。

あの犬たちの飼い主さんは、ごく普通のサラリーマンに見えた。「とにかく仕事が忙しくて」と言うその言葉も、でまかせではなさそうだった。出張で家を空けることが多く、自分で世話をする時間はないらしい。おそらく家族は犬にまったく興味がなくて、一応ごはんはあげているみたいだけど、たぶんそれしかしていない。伸び放題の爪を見る限り、ほとんどケージに入れっぱなしで、ろくに散歩にも連れて行ってないんじゃないか。久しぶりに家に帰ってみたら、放ったらかしにされていた犬たちのあの異臭に驚いて、慌てて連れてきたのだろう。だったら、飼う前にもうちょっと考えてほしい。

あの3匹は、まるで育児放棄された子どもみたいだった。

あまりの酷さに見過ごせないと思ったのか、トリマーさんが飼い主さんに「またこのような状態になるまで放置されるようなら、今度はお引き受けできません」と注意勧告をしていた。

それでも生活スタイルが変わらない限り、また同じことが繰り返されるんじゃないかと心配だった。どんなにひどい飼い方をされていても、飼い主さんが自分でそのことに気づいてあらためてくれない限り、どうしてあげることもできない。気持ちを入れ替えてくれないのなら、いっそ「もう飼いきれなくなった」と手放してくれたら、新しい飼い主を探すことだってできるし、その方があの犬たちにとっては幸せなんじゃないかとさえ思ってしまう。あの日は、一日中、そんなことばかり考えてしまった。

私たちが通っている専門学校では、飼い主さんに犬を登録してもらい、受付からトリミングまで実践的な実習を行っている。

最近、愛実は、実習でプードルのカットを担当したという。

カットの実習は、自分たちでオーダーを聞くところから始まる。

この時に、その犬がどんな犬なのか、やられると嫌なこと、触られると痛いところなどはないか、必要なことを過不足なく聞き出さなくてはならない。

この日は「ちょっとアフロっぽくしてほしい」というリクエストだったので、耳と頭の毛をつなげるようにカットして、足はブーツカット、しっぽはタヌキのようなフカフカのかたちに。

「やったことないカットだから、緊張したー！」

「よく言う。私たち、まだやったことないカットばっかりでしょ！」

「だね」

その日あったことを、笑い話にできるのもいい。

覚えなきゃいけないことは山ほどあった。

仕上がりがきれいに決まるようにというのはもちろんだけれど、細かい気遣いが大切なのだ。たとえば口のまわりをカットする時は、ふいに舌を出してペロッと舐めたりすることもあるので傷つけないように神経を使う。毛に隠れて見えにくいけれど、犬は脇の皮膚がひだのようになっているから、うっかりハサミで切ったりしないように。乳首をバリカンで刈ったりしないように。

そういうひとつひとつを常に意識しながら、なおかつスムーズに手を動かすというのは、実習生の自分たちにとっては、まだまだ至難の業だった。

人が動物にできること

私がトリマーになろうと思ったのは、ただきれいにするだけじゃない、命に関わる仕事だと知ったからだ。

高校1年の時、インターンシップ（学生が一定期間、企業で研修生として働き、自分の将来に関連ある就業体験を行える制度）で、地元のトリミングサロンに体験学習に行った。

この時はまだ「将来はトリマーもいいな」くらいの漠然とした気持ちで、仕事の内容についても、いわゆる「犬や猫の美容師さん」というイメージしかなかった。実際にどんな手順で行うのか、間近で見るのも初めてだった。

すぐにシャンプーやカットに入るのかと思ったら、その前にまず検体といって、その犬の全身のボディ・チェックをする。優秀なトリマーさんだと、この段階で飼い主でも気づかないようなその犬の異常を発見することがあって、この時もトリマーさんが皮膚にできた小さな腫瘍か何かを見つけていた。

動物はどこか痛いところがあっても「痛い」と言葉で訴えることができない。見るからに具合が悪くなった時には、もう手遅れだったりする。だからこそ早期発見が大事なのだ。

いつか動物たちの命に関わる仕事をしてみたい。2年生になって、いのちの花プロジェクトをやったことで、その思いはいっそう強くなった。

うちには今、犬とハムスターがいて、これまでもたくさんの動物を飼ってきたけれど、私は一度もその死に立ち会ったことがなかった。

そういうことがあっても、孫娘には見せたくないと思ったのか、私が学校に行ってる間に、おじいちゃんがどこかに連れていってしまった。

猫は死ぬ時に、そっと姿を消すというけれど、私にとってはどんな動物の死もそんな感じ。さよならも言えないまま、いつの間にか、いなくなってしまう。

だから動物愛護センターで、殺処分された犬や猫たちのたくさんの骨を見せられて、うわ、骨だ、と思ったあの時の衝撃は忘れられない。

あまりにもすごい量の骨だった。この中に一体、何匹分あるんだろうと思った。

もしかしたらそれが私にとって初めて目の当たりにした死だったのかもしれない。

だからこそ、愛実が「いのちの花」のアイデアを思いついた時、本当にスゴイと思った。

「死」そのものに思えた骨が「命」になってもう一度、生まれ変わるなんて！


だけど、骨を砕く作業は予想以上に大変で時間がかかった。骨を砕いているといくらでも涙がこぼれて、気持ちがどんどん落ち込んでいくのがわかった。

犬が好きだからこそ、それはつらい作業だった。

「ねえ。お母さん」

ある日、思い切ってうちあけてみた。

「この間、校外学習で動物愛護センターに行った時に、殺処分された犬や猫の骨がゴミとして捨てられてるって話をしたの、覚えてる？」

「覚えてるよ。知らなかったから、お母さんも。可哀想だよね、ゴミだなんて」

「うん」

私は、寮にいたのは1年生の時だけで、2年生からは自宅から通っていたので、毎日、お母さんが車で送り迎えをしてくれていた。うちは大家族だから、家にいる時はお母さんも何かと忙しい。登下校の時がふたりきりで話せる大事な時間になっていた。

「あのね、私、今、学校でいのちの花プロジェクトというのをやってるんだけど、その骨を砕いて、肥料にして、花を咲かせようとしてるんだよね」

「へえ。いいじゃない、すごく」

「え」

「花を咲かせようなんて、いいアイデアじゃない」

「そう思う？」

「うん。いいよ。すごくいいと思う」

「でも骨を砕くって、思ったよりずっと大変なんだよ。毎日やってるんだけど、ちょっとずつしか進まなくて」

「それで朝早かったり、放課後、遅くまで残ったりしてたんだ？」

「そうだけど、でも」

でも、ときどき、うんとつらい時がある。

ふっと黙り込んだ私に、お母さんは言った。

「いいじゃない。その、いのちの花っていうの？　お母さんも動物好きだから、応援する。頑張れ」

私は家族に守られて育った。そのことを、こんな時、改めて感じる。「頑張れ」、真っ直ぐで当たり前の言葉が、私の背中を押す。

「うん……そうだね。頑張る！」

「よし！　さあ、着いたよ。行ってらっしゃい」

「行ってきます」

お母さんにそう言われると、胸の奥があったかくなって、なんでだろう、泣きたくなる。たくさんの死を目の当たりにして、いつの間にかこわばっていた気持ちがほどけていった。動物が好きで、子どもの頃から動物たちと当たり前に暮らしてきた。死は、私にとってどこか遠いことだった。

いのちの花プロジェクトを通して、私は死んでいったたくさんの犬たちのことを想像して、命について考え続けることになった。なぜ、こんな理不尽なかたちで死んでいかなければならない命があるのか。それは予想以上にヘヴィで、そこから何を学んだのかなんておおげさなことは言えないし、言いたくない。

ただ、今は生きているたくさんの犬たちと向き合いながら、どうしたら犬たちのことをもっと理解することができるのか、具体的な技術を学んでいる。

どんな命も幸せに生きられるように。

道はつながってるな、と思う。


今、通っている専門学校には動物行動学の先生もいて「できるだけ嫌な思いをさせないためには、犬の様子をよく観察すること」だと教わった。

プロは、些細なシグナルを見逃さない。

「まばたきが多くなったら、ストレスを感じているしるしです。しっぽが今、ちょっと下がったの、わかりますか。わからない？　筋肉が今、ちょっと硬直したの、わかりますか。気がつかなかった？」

まだ気づけないこと、見逃していることも多くて、もっと犬についてよく知らなくてはと思っている。自分でも犬をずっと飼ってきたから、犬のことならわかっているつもりでいたけれど、プロとしてはまだ全然足りない。

うちの犬のことは自分がいちばんよく知っている。

飼い主さんたちも、たいていそう思っているんじゃないか。

でも「うちの子は、ブラシが嫌いで」というその原因が、短毛の犬なのに長毛用のスリッカーブラシを使っていることだったりする。すきバサミのような役割のスリッカーブラシは先が尖っていて、皮膚を傷つけられるから、犬は痛くて暴れる。

つまり本当の理由は「ブラッシングが嫌い」なんじゃない、飼い主さんが正しいブラッシングについて知らないからだったりするのだ。

犬と飼い主、たくさんの事例を知れば知るほど、正しい飼い方をちゃんと知っていれば、問題行動で持て余す犬にならなくても済んだんじゃないかという気がしてくる。

そんな時は「噛み癖がある」「吠え癖がある」と動物愛護センターに持ち込まれる犬たちのことを思った。飼う人の意識が変われば、救える命がきっとあるはずだ。

巣立ちの時

3年生になると、卒業後のそれぞれの進路が見えてきた。

樹里称は、帯広畜産大学の別科に進学することになった。

別科というのは、酪農や畜産の後継者になりたい人が2年間、牛の飼育実習などを履修する科だ。樹里称のお父さんは会社員なので家業を継ぐためではないし、別科を卒業したからといって短大卒の資格がとれるわけでもない。「牛のこと、ちゃんと勉強してみたいから」と言う樹里称に、ああ、本気だったんだなあと思った。

3年生になってから、樹里称は毎日牛舎に通って、牛の世話をしていた。

授業を抜け出して牛舎に昼寝に行くのとはわけが違う。

それは樹里称の決意表明だった。

「最初言い出した時は、続かないんじゃないかと思ってたけど、とうとう、やり通したもんなあ」

最初は半信半疑だった赤坂先生も、樹里称の熱意に打たれて、別科に進むことを勧めたのだ。

千葉ちゃんは、地元に残り、卵の生産・選別をする工場に就職することになった。

「私、もともとは動物看護師になりたかったんだよね」

千葉ちゃんは言う。

「子どもの頃、飼ってたハムスターが突然死んでしまって。今なら、ああ、低体温症だったんだなってわかるけど、その時は理由もわからないし、何もできなくて、すっごく悲しかったから。それで2年生の三者面談の時に動物看護師になりたいって話をしたら、父親がすぐにいろいろ調べてくれて。でもそういう専門学校ってすごい高かったの、学費が。うちはお兄ちゃんが大学まで行ったから、親にそういう話するの、だんだん申し訳ないなって思っちゃって」

そう言えば、みんなで寮生活を送っていた1年生の時、私と千葉ちゃんは、毎週末、家に帰っていた。その話をすると、千葉ちゃんは「あの時は、ホームシックになっちゃって」と笑う。

「やっぱり私は家族が好きなんだなあって。たまに仙台とか行くぶんには楽しいけど、都会も嫌いだし、人混みも嫌いだから、地元が合ってるんだと思う。だからこっちに残ることにしたんだよね。地面には土があって、草が生えてるところじゃないと！」

すっかり気持ちを切り替えたようで「教習所に通う」と張り切っていた。

「車欲しいし、頑張って働くぞー！」

凛は、早々に仙台の動物看護師の専門学校に行くことを決めていた。

「春乃たちも仙台においでよ」と誘われたけど、私には仙台は遠すぎる。とはいえ、地元に残るのも違う気がした。子どもの頃から大家族で育った私は、ひとり暮らしをしてみたかった。できれば、あまり雪が多くないところがいい。十和田は雪が多い。特に三農は山が近いせいか、降るとよく積もった。長靴の高さを雪が越えてくるから、何度びしょびしょになったことか。

盛岡のトリマーの専門学校に見学に行こうと決めた時、愛実に「トリマー興味あるって言ってたよね。一緒に見に行かない？」と声をかけた。

「でも私、専門学校には行かないと思うから」

「就職するんだ」

「たぶん」

「どういうとこ、狙ってるの？」

「まだそこまでは決めてないけど」

本当はやりたいこと、あるんじゃないの?

なんか……放っとけなかった。放課後の教室で、いのちの花プロジェクトを立ち上げたあの日、愛実と赤坂先生が話しているうちに一気にいろんなことがかたちになるのを私は見ていたから。

「この学校は飼い主さんたちに登録してもらって、生徒たちの実習だからって安い料金でトリミングを引き受けて好評を得ているんだって。実習でいろんな犬を触れるって、すごくよさそうじゃない?」

私が取り寄せたパンフレットを熱心に見ていた愛実は、そう水を向けると、ぽつりと言った。

「じゃあ……行くだけ行ってみようかな」

「ま、愛実が行かなくても、私は行くけど」

「わかった。行く!」

「よし、決まり! 行こう行こう」

就職活動を始めたもののなかなか厳しいようで、ガソリンスタンドだったり、うどん屋さんの接客だったり、動物に関わりたいという愛実の希望からはどんどん離れていく。「本当にそれでいいの?」と言いたい気持ちを私はぐっとこらえた。

最後は愛実が決めることだ。でも最初から諦めてほしくなかった。

愛実は、たぶんぎりぎりまで迷っていたと思う。


「春乃、私も盛岡に行く！　一緒に行けることになった！」

だから愛実がそう報告してくれた時、どんなに嬉しかったか！　就職活動をしていた愛実の顔がどんどん曇っていくのを見かねたお母さんが「愛実、あなた、本当は何がやりたいの？　行きたいなら、専門学校に行ってもいいんだよ」と言ってくれたのだという。奨学金を申請できる時期はすでに過ぎていたけれど、お母さんの言葉に、迷いが吹っ切れたのだろう。

「学費も生活費も全部、自分で働いて何とかすることにしたから」

そうして行きたい道に進む。

それが愛実が出した結論だった。

「やったあ！　一緒に頑張ろう」

「うん」

「よかったね」

「うん。なんかもう、無理して就職しても絶対続かない気がして、どうしようって思っていたから、嬉しくて泣きそう」

二度と戻れない場所

盛岡での新生活は、こうしてスタートした。

私は、専門学校の学費は奨学金で賄って、足りない分はアルバイトをしているけれど、愛実は学費も生活費も自分持ち。「自活したいから」と仕送りも断って、週5でアルバイトしている。朝は9時半から学校だし、お互い忙しいので、たまに一緒に過ごす時間はとても貴重。そんな時は、つい三農の話になった。

「あー、三農に戻りたいなあ」

その日も、愛実がシーフードミックスを使ってつくったカレーを食べながら、心ゆくまで三農愛を語り合った。

「授業でつくったティラミスを、寮の窓の外に出しておいたら、鳥に全部食べられちゃったこと、あったよね。覚えてる?」

「あったあった。寒いから冷蔵庫代わりになるねって言ってたら、ひとくちも食べられなかった」

「木が多いから教室に大きいカメムシが入ってきたこともあったし」

「都会の学校じゃ、まずありえないよね」

3年間、寮生活を送った愛実は、2年生の時に企画した肝だめしの話をしてくれた。

私は寮には最初の1年しかいなかったから、それは初めて聞く話だった。

「ほら、寮の周りって街灯も何もないから、夜になると真っ暗で何も見えなくなるでしょ。そこを歩くわけ。笑ったらダメ。すごく怖いんだけど、見上げたら、星がすごいきれいだったなあ」

「いいなあ。1年の時は、先輩に気を使っちゃって、そんな余裕なかった」

「わかる。4人でひと部屋だから、先輩たちと同室だと携帯を充電するのも、今、電源つかってもいいのかなって思っちゃうよね」

「テレビがあるフロアも、1年の時はなんとなく行けなかったし」

「私、携帯のワンセグで見てたけど、そのうち見なくなっちゃった。みんなでしゃべってる方がずっと楽しかったから」

農場当番に田植えにわらあげ、どれもみんなで協力しないとできないことばかりだった。

「わらあげ」というのは、キューブ状にした牛の飼料用のわらを階段状に積みあげていく作業。「そーれ！」と掛け声をかけて勢いをつけて投げないと、高いところまで届かないから、なかなかの重労働だった。もともと動物科学科は女子が多いのだけれど、なんであんな大変なことを女子だけでやってたんだろう。

「天井に近くなると蜘蛛の巣はくっつくし、わらもくっつくし、どんどん女子高生じゃなくなっていったよね」

「でもすごい達成感があった」

「あったあった」

「最後はみんなでてっぺんまでのぼって、写真撮ったよね」

もう、あんなことは二度とない。それがわかるから、私も愛実も言わずにはいられないんだと思う。毎日が刺激的で楽しすぎて、学校に行きたくないと思ったことは一度もなかった。

「戻りたいよね」

「うん、戻りたいね、すごく」

でも戻れない。たわいない時間に宿っていたものを、私たちは離れて、あらためて知る。

私たちが卒業した後、いのちの花プロジェクトは、後輩たちが受け継いでくれた。まさかこんなに大きな反響をいただくとは、思ってもいなかった。そのことが後輩たちのプレッシャーにならなければいいな、と思う。やるなら、手探りでも気持ちで動いてほしい。私たちがそうだったように。

花に託した思いをつないでいく。

また次の花を咲かせながら、道は続く。

命ははかない。だとしても、人はそれをこうしてつないでいくことだってできる。

それは種を蒔くことに似ているかもしれない。

大きく何かが変わるには、たぶん時間がかかる。それで全部を諦めてしまいそうになるけど、小さなことでいいんだと思う。

私がそうだったように、いのちの花のことを知ってくれた人たちが、自分の犬をもっと可愛がろう、大切にしようと思ってくれたらいいな。

まずは自分のそばにいるいのちを大切にすることから始めればいい。

そうして人間の身勝手な理由で殺されてしまう犬や猫が1匹でも少なくなるようにと今も強く願わずにはいられない。

遠藤《えんどう》 剛《つよし》教頭先生は語る

赤坂先生から「いのちの花プロジェクトをやりたい」という相談を受けたのは、私が赴任してすぐの4月のことで、ちょうど3年生の課題研究のテーマを決めなければならない時期でした。

殺処分された犬たちの骨が廃棄物として捨てられている。その骨をわけてもらい、肥料にするとなれば、きっと賛否両論あるだろうということは、やる前から予測することができました。それでもゴーサインを出したのは、生徒たちのまっすぐな思いが伝わってきたからです。

やっている本人たちは、まさか自分たちの活動がこんなにも注目を浴びることになるとは思っていなかったでしょう。結果的には、プロジェクトの趣旨に賛同したイギリスの愛護団体からも資金援助を受けることになったわけですが、始めた当初は、自分たちが世界に向けて情報を発信するんだというような大きな考えは持っていなかったと思います。

そういう大きな花火をあげるということではなく、今、自分たちの目の前にある課題を見過ごすことはできないと思った。今、自分たちが直面しているこの問題を何とかしたい。そういう真摯で切実な気持ちが伝わってきたからこそ、賛否を恐れることなく、まずはやってみようということになったのです。

ただ、やるにあたっては、いくつか確認すべきことがありました。

たとえば人間の骨でも、どこにでも撒いていいわけじゃないですよね。基本的には墓地に埋葬しますし、そのための手続きが要ります。動物の骨もそれと同じことで、こちらが希望したからといってわけてもらうことはできるのか。用土として使うことに問題はないのか。法的な問題も含めて、動物愛護センターの職員の方たちに確認をとりながら、慎重に進めていきました。

何をやりたいかは生徒たちの自主性に任せるけれども、学校としては、賛否ある中で生徒たちのせっかくの気持ちが不用意に傷つくことのないように、受け皿としての環境をきちんと整える必要があったのです。

もともと農業高校の生徒たちは、動物に限らず、花を育てたり、お米をつくったりと、生と死を身近に感じながら、3年間の学校生活を送ります。

家畜も育てていますから、屠殺して、最後は精肉にして食べる。そのすべてのプロセスを身を以て体験していくことになる。

普通高校のカリキュラムと何が一番違うかと言えば、勉強する素材が生き物だということです。

生き物というのは日々、変化するわけです。

大切なのは、生徒たちが「命というのは日々変化するものである」ということに気がついていくことです。

それは、命という解のない問いに向き合い続けることでもあります。

生徒たちは、ニワトリが卵からふ化するのも目の当たりにするし、中にはふ化できないまま、死んでしまう卵もある。お米でも、リンゴでも、ずっと大切に育ててきたのに「さあ、収穫だ」と思った矢先に台風がやってきて、1年間の苦労が台無しになることだってある。ある意味、それは作物にとっての死ですよね。

でも季節がめぐれば、また芽吹いてくる。自然という大きなサイクルの中に体ごと入ることで、生から死を、死から生を学んでいく。人間も自然の一部なんだということを知っていくわけです。

私自身、農家に生まれ、大学は農学部を出て、農業者を育てる学校に赴任した経験もあるので、そのこと自体はごく普通に、当たり前のこととして実感してきました。

ただ、世間の人たちにとっては当たり前ではないのかもしれない。

だからこそ、いのちの花プロジェクトにこめられた思いに、これだけ大きな反響をいただいたのだと思っています。


死に直面して、悲しむことは誰にでもできる。

大事なのはそこからどう立ち上がるのか、どう向き合ったかですよね。

動物の死、植物の死に対しても、そこからどう立ち直っていくのか、その死とどう向き合ったのかが、人間としての成長になるはずです。

いのちの花プロジェクトにこめられていたのは、まさにそうした命へのまなざしだったのではないか。

ゴミとして捨てられる動物たちの骨を目の前にした時に、何を思い、何ができるのか。

おそらく生徒たちは、骨をゴミとしてあつかうこと、それ自体にまずは強烈な違和感を感じたのではないでしょうか。だからこそ断ち切られた流れを、何とかしてもう一度つなごうとした。

一時期「リセットする」という言葉がはやりましたが、死は、決して「リセット」ではないんですね。命という大きな流れの一部であり、生きることの糧になるもの、また糧にしていかなければならないものなのだと思います。


農業者の人たちと間近に接していると、人間の気品や尊厳というものについてふと考えることがあります。

人間が生きていくには、食べなければいけない。命をいただいて生きる、そのことを果たして私たちはどのくらい実感できているのか。

たとえば動物や植物の死が、食べた人間の命になるわけです。原始の昔から、人間はそうした営みを繰り返してきた。人間に気品や尊厳というものがあるとしたら、そういうところから生まれてくるのではないか。

生徒たちは、たとえ将来農業者にならなくとも、牛を飼うことで学べることがある、リンゴを育てることで成長していけることがある。そうして命と命が向き合った時に、耕されていく、鍛えられていくものが確かにあるのです。人間だけで生きているわけではない、自然と共に生きることで、人は自分が何者かを知る。

幼い頃を振り返れば、平気で虫を殺したり、カエルをつかまえたり、子どもには残酷な面もある。最初は殺すことがいいのか悪いのかもわからない子どもだったのが、命というものを知って、生と死を体験するうちに、人は、自分もまた、森羅万象の中のひとつの命であることを知り、ひとりの人間になっていくのだと思います。

第五章

動物と共に生きていくということ

駒井《こまい》樹里《じゅり》祢《な》さん

三本木農業高校動物科学科愛玩動物研究室卒業生。
いのちの花プロジェクト一期生。
現在は帯広畜産大学でアニマルウェルフェア（動物福祉）を学んでいる。

牛がカワイイだけじゃ、酪農はやっていけねえぞ

帯広畜産大学に進学して1年になる。

青森と北海道は近いようで遠い。

夏休みに初めて帰省した時は、まず14時のバスで新千歳空港まで行き、そこから18時半の高速バスに乗り継いで苫小牧に向かい、21時過ぎのフェリーに乗ると十和田に着くまでに丸一日かかることになる。飛行機ならもっと早いけれど、往復4万円くらいかかる。フェリーなら半額の2万円だし、たまには船旅も悪くない。朝方、館内放送が入ると「青森に帰ってきた!」と嬉しくなった。

ホームシックとは無縁だと思ってきたのに、帯広に戻るフェリーで泣いてしまったのは、お母さんが桟橋まで見送りにきたのがいけなかったんだと思う。

ずっと手を振り続けているから、こっちも手を振り返していたら、たちまち景色がにじんで見えなくなった。

その夏は、本当にいろんなことがあった。

愛玩動物研究室から別科に進学する生徒はあまりいない。

私の学年では、私ひとりだった。

牛が好きで、牛についてもっと学びたいから別科に進む。最初はごく当たり前のことだと思っていた。でもそうじゃなかった。愛玩動物と産業動物、いわゆる家畜とでは、世話の仕方も考え方も、実はまるで違う。三農で「愛玩動物」を学んできた私は、その違いに戸惑い、次第に思い悩むようになった。

「カワイイだけじゃ酪農はやっていけねえぞ」

大学でもよく男子学生からそう言って、からかわれた。

その言葉の意味を、私は身に沁みて感じることになった。


夏になると、帯広畜産大学では、1か月間、道内の酪農家さんに住み込む「夏季農家実習」が行われる。朝夕の搾乳から牛舎の掃除、獣医さんのお手伝いまで、酪農家さんと同じ生活を送る。

私が住み込んだのは「牛に優しい」と評判の酪農家さんだった。乳牛が130頭もいたので、1か月の間に子牛が生まれるのも看取るのも両方、体験することになった。

「たぶん今日あたり、生まれるんじゃないか」

そんなことを聞かされた日にはもう、ワクワクして、いてもたってもいられない。牛舎についているモニターから、分娩予定の牛の様子を今か今かと見守る。なんの変化もないまま、夜が明けようとしていた朝方、とうとうその時がきた。

「あ、いよいよかもしれん」

急いで駆けつけると、もう始まっていた。半分出かかっている足を「せーの！」で思い切り引っ張ると、全身濡れた子牛がずるりと出てきた。

母牛が子牛を舐めてやると、ついさっき生まれたばかりなのに、子牛は細い足を懸命に踏ん張って立ち上がろうとする。

ガンバレ。ガンバレ。見守りながら思わず力が入る。お母さんのオッパイを探し当てて、初乳を飲めば、もう大丈夫。ホッとした空気が流れる。

牧場によっては、お産した後の母牛にお味噌汁を飲ませるところもある。

初めて見た時は驚いたけど、あたたかいし、塩分とカルシウムをとることで、産後の食い込みがまったく違うのだという。おいしそうにお味噌汁を飲んでいるその姿は、大仕事を成し遂げたお母さんの顔に見えた。

せっかく生まれても、弱くて生きられない子もいた。

死んだのは双子の牛だった。

1頭は死産で、もう1頭は生まれた時から発達不良があって、その日も、朝からずっと弱々しい声で鳴いていた。

ミルクを飲んでもあまり消化できないみたいで、周りに糞をした形跡もなかったから、お腹に溜まっているのだろう。お尻を刺激して出してあげようとしたけれど、全然出なかった。どうしようと思う間もなく、子牛は目の前であっけなく死んでしまった。

本当は搾乳の時間だったので、私も手伝わなくてはいけなかったのに、心配で抜け出してきていた。そのせいで、たったひとりで看取ることになった。生まれて、わずか3日目のことだ。

急いで報告に行くと、長年の経験から、酪農家さんにはわかっていたのだろう。

「ああ、やっぱり……生きられなかったか」

泣くまい、と思っても、ショックで涙が止まらなかった。

「すみません、泣いたりして」

「いいよいいよ。びっくりしたね。慣れてないから、しょうがないって」

まわりの方たちには本当によくしてもらった。楽しい実習だったし、学ぶこともいっぱいあった。だけど、私は、だんだんつらくなってしまった。

酪農や畜産であつかう牛や豚のことを「産業動物」という。どんなに可愛くても、家畜はペットではない。

乳の量が減った牛は、その時点で「廃用」といって食用の肉になる。妊娠中に病気になって立てなくなった牛も、お腹に子どもがいるけれど、たぶん産めないだろうと「淘汰」された。生きているうちに処分されることを「淘汰」と言い、それに応じたお金が支払われる。「廃用」と「淘汰」は、家畜の不慮の死によって酪農家さんの生活が脅かされないための救済措置でもあるのだ。

そういうものだとわかっていても、つらくて、部屋に戻ってひとりでよく泣いた。担当の先生が「どうですか」と様子を見にきてくれた時も「どうしていいか、わからないです」とずっと泣いていた。

牛の気持ちを考えてください

それは実習があと10日くらいで終わる頃に起きた。

搾乳も今はほとんど機械化されているので、１００頭の牛を３人くらいで搾乳していく。ロータリー・パーラーといって、入ってきた時に搾乳機をつけた牛が、ぐるっと1周する間には搾り終わって、また出ていく。牛たちもすっかり慣れた様子で、行列はゆっくりと順調に進んでいた。

突然、渋滞を起こしたのは、もともと太り気味だった一頭の牛が狭い通路で立ち止まったせいだった。

「ほら、行け。ほら、行くんだよ」

従業員さんに後ろから追いたてられて、牛も慌てたのだろう。そのまま、よろよろと転んでしまった。あとから、あとからやってくる牛たちで通路は渋滞を起こし始めて、座り込んだ牛をなんとか立ち上がらせようとしたのだろう。何度も蹴飛ばされて、でも何度蹴飛ばされても、その牛は、そのまま二度と立ち上がれなかった。

翌日は天井から吊るして様子を見ることになった。顔も蹴られたのか痛々しく腫れあがっていて「ごめんね。ごめんね」と何度も話しかけたり、撫でたりしたけれど、やっぱりダメで、その牛も、その日のうちに「淘汰」されることになった。

もともと肥満気味で乳房も地面すれすれ。いつ立てなくなってもおかしくない牛だったけれど、性格も穏やかで、このままできる限り面倒をみてやろうと、みんな、いたわるように接していた。あの時、大声で怒鳴ったり、追い込んだりしなければ、牛もびっくりして転ばずに済んだんじゃないか。まだ生きられたかもしれないのに、人間の不注意で「淘汰」されてしまった。そう思うと、可哀想で悔しくてたまらなかった。

自分はまだ酪農の初心者だし、わからないことも多いんだからと、それまではこらえてきたけれど、淘汰されることが決まった時、思わずその従業員さんに詰め寄ってしまった。

「ちょっと待ってください。どうしてあんなこと、したんですか？」

「あんなこと？」

その日の作業を終えて、牛舎を後にしようとしていたその人は、私の剣幕にたじろぎながらも、なぜそんなに怒っているのかという顔で振り返った。

「あの牛の顔、見ましたか。腫れてましたよね。立てないのに顔を蹴るなんて、殴るよりひどいと思います。いくら家畜だからって、痛いって気持ちがないわけじゃないんです。どっちかって言えば、人間の方が動物からわけてもらってて、牛だって身を削って、命がけでこっちにわけてくれてるんだから、ちょっとは感謝してください！　それができないんだったら、牛に関わるものはもう一切食べないで！　もっと牛の気持ちになってください！」

実習生が何を青臭いこと言ってるんだと思われただろう。それでも言わずにいられなかった。それまで自分の中で消化不良を起こして溜まりに溜まっていたものが、この時、一気に爆発してしまった。

あとで聞いたら、その従業員さんと衝突したのは私だけではないらしい。実習で牧場にやってくる学生は、実家が酪農家で、子どもの頃から牛たちの世話をする親の背中を見て育ってきた人も多いから、たぶん何か言いたくなるんだと思う。

だからと言って、私が言いたいことをぶつけてすっきりしたのかと言えば、そんなことはなかった。

「牛が好き、牛がカワイイっていうだけじゃ酪農はやっていけねえぞ」

あの言葉の意味をずっと考え続けていた。

そんなところでいちいち立ち止まってしまう自分は、酪農には向いていないのかもしれない。家畜である以上、生産性や経済効率が優先されることはわかっていたけど、どうしてもつらくなってしまった。

まだ生きられる命なのに、もう役に立たないからと処分する。

本当に、それしか方法はないのだろうか。

いのちの花プロジェクトを通して、人間の身勝手によって捨てられる命について考えてきた私にとって、それはやっぱり受け入れがたいことだった。

捨てていい命なんて、ない。私は、そんなふうに命を選びたくないと思った。

命のリレー

振り返ると、三農で私が学んだ一番大きなものは「命とは何か」ということだったと思う。何をするにしても、その問いはいつも私のそばにあって、今もそのことを考え続けている。

うちには2匹の犬がいるけれど、シーズーは「もう飼えなくなったから」と保健所にやられるところを、もらってきた犬だったし、豆柴も、もとはと言えば、三農に捨てられていた犬だった。もうシーズーがいるのに、その豆柴を「飼いたい」と言った時、親はいい顔をしなかったけど、無理やり頼み込んだのだ。

殺処分施設で鳴いていたあの柴犬も、できることなら連れて帰りたかった。

あんな場所で、あんなふうに死んでいかなくちゃいけない動物たちを、1匹残らず連れて帰れたら、どんなにいいだろう。

動物たちの骨を砕きながら思った。

うちの犬も一歩間違えば、こうなっていたかもしれない。

今、生きている命と、殺されなくてはいけなかった命、どこに違いがあるというのだろう。

来る日も来る日も学校で骨を砕く作業をしていた頃は、家に帰る時、いつも心配だった。

どんなに注意深く払っても、砕いた犬たちの骨が粉になって、服や髪やいろんなところにまだくっついている気がした。自分ではわからなかったけど、犬は嗅覚が鋭いから、飼い主から犬の骨の匂いがしたら嫌われてしまうんじゃないか。

いつも通り2匹が玄関で出迎えてくれると、もうそれだけですごく嬉しかった。

どうして犬は、こんなふうにまっすぐに愛情を見せてくれるのだろう。

どうして人は、それを忘れてしまうのだろう。

「よし、散歩行くか!」

そんな日はたっぷり、公園で遊んだ。

2匹とも、嬉しそうにしっぽを振って駆けてきた。

この子たちがここにいてくれてよかった。ここにいて、こうして触ったり、遊んだり、思い切り抱きしめることができて、本当によかった。

うちの犬になってくれて、ありがとう。

もう要らないと処分されていたかもしれない犬たちは、私にとってかけがえのない家族になった。

要らない命なんてあるんだろうか。だから私はそう思わずにいられない。


いのちの花プロジェクトをやる以前は、動物は好きだけど、植物にはそれほど興味がなかった。どんなに手をかけても、植物は懐いてくれないからつまらない。そう思っていた。

でもあのマリーゴールドが咲いた時、この花は犬の命なんだ、生まれ変わりなんだと思って可愛くて仕方なかった。花を見て、そんな気持ちになったのは初めてだった。

動物も、植物も、おんなじ命なんだ、そう実感することができた。

死んでいった犬たちの命とマリーゴールドの花の命が、ひとつにつながったあの時、めぐっていく命の大きなサイクルに初めて触れたような感じがした。

命のリレー。

食物連鎖というのは、生まれて、食べて、死んでいくたくさんの命が、そうして思いがけないかたちでつながっていくことなのだろう。

私たちがあのプロジェクトを通してやったことは、途切れていた命のバトンをもう一度、次の命へと手渡すことだったんじゃないか。

そうして咲いたたくさんの花を、今度はたくさんの人たちに手渡すことができた。

わんわんフェスタが終わった後も、みんなで幼稚園や老人ホームを訪ねて、いのちの花を届けた。あのマリーゴールドの花に託した思いを、できるだけ多くの人に知ってほしかった。

しばらくして、1枚のハガキが届いた。それにはこう書かれていた。

〈先月、わんわんフェスタに参加させていただきました。初参加でしたが、愛犬との楽しいひとときを過ごすことができました。生徒さんたちが大切に育てたマリーゴールド、我が家の子どもたちがたくさんもらってきたので、庭が賑やかになっています。

生徒さんたちの殺処分に対する思いにとても感動しました。

いつまでも、そのまっすぐな優しい心を忘れず、勉学に励んでください。

また来年も楽しみにしています。ありがとうございました。〉

写真をポストカードにしたそのハガキには、その人が飼っている2匹のプードルとマリーゴールドが仲良く並んで写っていた。

私にとってあのマリーゴールドは、犬たちの生まれ変わり、犬たちの命そのものだったから、あの花に託した思いが伝わった、そう思ってたら涙が出た。

花たちは、とても幸せそうだった。

よかったね、新しい飼い主さんが見つかって。

花になって生まれ変わった犬たちは、太陽をいっぱい浴びながら喜んでいるように見えた。

幸せな牛からおいしい牛乳

私は今、大学で「産業動物のアニマル・ウェルフェア」について学んでいる。

「アニマル・ウェルフェア」というのは、直訳すると「動物福祉」。

生産性や経済効率が最優先されがちな「産業動物」の現場で、動物たちにとってよりよい環境とは何か。人と動物がどうしたら幸せに共生できるのかを考えることが、私のこれからのテーマになった。

道内の牧場も、あちこち見てまわった。

この時の楽しみは、何といっても牛乳の飲み比べだ。

中札内村にある「想いやりファーム」に行った時は、あまりのおいしさに感激した。スーパーなどで一般的に売られているのは、殺菌のため熱処理を施した高温殺菌牛乳だけれど、この牧場で生産されている「想いやり生乳」は加熱処理をせず、搾ったままの生乳なのだ。「想いやりファーム」は、日本で唯一、無殺菌牛乳の生産を実現した牧場だった。

無殺菌牛乳は「食品衛生上、不可能」と言われていた。それを実現できたのは、とことん牛の目線、牛の気持ちになって考えた「牛に優しい環境づくり」だった。しかもこの牧場で働いているのは、全員、女性だという。

牛乳って、牛たちの環境によって、こんなにも味が違うんだと知った。

道内だけじゃない。『幸せな牛からおいしい牛乳』（中洞正《なかほらただし》著・コモンズ刊）という本を読んで以来、岩手県にある中洞牧場にも行ってみたいと思っている。著者の中洞さんは、経済効率を優先する従来の酪農のあり方に疑問を持ち、岩手県岩泉町に中洞牧場を創業した。

これまで酪農家さんたちが生産した生乳は、主に大手の乳業メーカーに原料として買い上げられてきた。このやり方だと牧場を経営していくためには大量生産して利益をあげるか、それともコストをさげるかしかない。乳量を稼ごうとすれば、人工授精してどんどん子牛を産ませて、常に牛乳を供給できるようにした方がいいし、乳脂肪分の高い牛乳を出させるためには高カロリーの配合飼料を与えた方がいい。それが人間にとって都合のいい、経済効率を優先したやり方なんだろう。そんなやり方が、牛にとってストレスにならないわけがない。

日本では牛舎飼いの酪農が主流だけれど、中洞牧場では牛を山に放牧して、自生する野シバを飼料にした自然放牧を行っている。しかも人工授精ではなく、自然分娩・自然交歓が基本。そうすると、牛たちは本来の寿命をまっとうして15年~20年も生きるのだという。

この牧場の牛たちは、乳がもう出なくなって役に立たなくなったからと「淘汰」されることはないんだと思ったら、胸が熱くなった。

人は、たぶん求めすぎているんだと思う。

ペットショップにしても、必要以上に繁殖させるから、売れなかった動物が処分される。

ちゃんと世話をしてあげられない命を、どうして無造作に増やすのだろう。

食べ物だって同じ。必要以上にたくさんつくって、要らない命を処分するやり方をそろそろ見直した方がいいんじゃないか。

農家さんが愛情こめて育てた牛や豚を「いただきます」と食べることは幸せだ。食べられる動物たちも、一生をちゃんとまっとうできるのならきっと幸せだ。人は食べなくては生きていけないから「ごちそうさま」で終わる命もある。でも、そのことにどのくらい感謝できているだろう。

動物からも植物からも「欲しい」「欲しい」ともらってばかりで、それを当然だと思ってはいないだろうか。まだ生きられる命を処分する。動物たちの幸せはそこにあるだろうか。

命をつくりすぎない、つくったらちゃんとその命に責任を持つ。

そういう考え方がもっと当たり前になったらいい。

法律でもまだ動物は「モノ」あつかいだし、根本から変えていこうと思ったら、それこそ何年かかるか、気の遠くなるような話だろう。

でもずっと変わらなかった動物愛護法だって1999年に26年ぶりに改正されたのをきっかけにより動物の命を尊重するよう、見直されたのだから、いつかと思い続けていれば、思いが実る日も来るかもしれない。

人が変われば、きっと世界も変わる。


そのためにどんな生き方があるのか。この頃、自分の将来についてよく考える。

農業普及指導員になって、ホクレン[*7]で働くのもいいなあ。

そう思ったこともあった。

農業普及指導員というのは、農家さんに農業技術の指導や経営指導をする国家資格を持った職員で、農家さんたちと生産の現場で未来をつくっていく仕事だ。

でも最近、それよりももっと自分に合った道があるような気がしている。

「まさか樹里称が牛をやるとは思わなかったなあ」

赤坂先生は、いまだにそう言う。

「それこそ三農に入ってきたばかりの頃なんて、ひどいもんだった。服装は派手だわ、ピアスしてるわ、どうしてこの学校に来たのか、さっぱりわからなかった」

やれスカートの丈が短い、髪型が派手だと先生にはよく注意された。追いかけまわされて、保健室に逃げ込んだこともある。

母親もしょっちゅう呼び出されていたので、しまいには学校から電話がかかってきても、代わりに姉が出るようになった。

「ご用件はなんでしょうか。母には伝えておきます」

思えば、あの頃は反抗期の真っただ中だった。

普通高校の特別進学クラスに通う、優秀な姉を持つ次女としては、比べられたくない気持ちもあった。

あのまま、やりたいことが見つからなかったら、今頃どうしていただろう。

三農で、私は、命の大切さを、動物たちのおかげで生きていけることを、いただきますのありがたさを学んだ。

ただ動物が好きなだけで、自分が何をやりたいかもわからなかった私は、三農で育てられた。私の原点はここにある。

＊7 **ホクレン**――北海道内のＪＡが出資し、ＪＡの経済事業を担うことを目的として設立された組織。生産者の営農活動の支援と消費者への食の安定供給を行う。

だからいつかもう一度、帰ってきたいと思う。

今度は愛玩動物の教師として。そうして赤坂先生とみんなで始めた「いのちの花プロジェクト」を守っていけたらと……今はそう思っている。

三農には、大好きな牛もいるし、犬もいるし、いつか生徒たちと動物たちの世話をしながら、私はやっぱり、こう言いたい。

牛は優しい。目を見れば、ちゃんとわかるよ。

だから牛の気持ちをよく考えなさい。

死んでいった犬たちの気持ちを、よく考えなさい。

そこから始まることがきっとある。私はそう信じている。

赤坂圭一《あかさかけいいち》先生は語る

教師として最初の赴任先はむつ市の中学校で、生徒が6人、教師が5人のいわゆる僻地校だった。

次に赴任したのは生徒が4人の聾学校で、まさか自分が特別支援学校に赴任することになるとは思っていなかったので、最初の2年間くらいは手探りのつらい時期が続いた。教師としてまだ経験も浅い自分が、この子たちに一体何をしてやれるのだろう。

ほかの先生方に話を聞いたり、手話の講習会に参加するうち、それでもやれることが少しずつ見えてきた。聾の方でも講師として頑張っている方がいることを知って、なるほど、こういうふうに社会に出て、活躍の場を見つけている方もいるのだなということがわかってきたことも大きかった。教師である自分の向き合い方次第で、生徒たちの将来が変わっていくのだと思うと、次第に目的もでき、前向きに教えることができるようになったのだ。

あの時、卒業生たちからもらった感謝の手紙は忘れられない。何もかも手探りだった自分が初めて教師として認めてもらったような、そんな嬉しさがあった。

三農に赴任することになったのは、聾学校で5年勤めた後のことだ。初めて三農の門をくぐった日のことは、今でもよく覚えている。全校生徒約600人、敷地面積東京ドーム11個分。それまで少人数の学校しか知らなかった私は、情けないことに初日が終わった後、具合が悪くなってしまった。

こんな大勢の生徒たちとどう向き合ったらいいのか。

しかも、それまでは理科を教えていたのが、三農では愛玩動物を担当することになった。また振り出しに戻ったというわけだ。教科書は一応あるものの、実習のカリキュラムも教師の裁量に任されていて、何をどう教えるのかを懸命に考えた。

生徒たちからは根っからの犬好きのように思われているけれど、実はそうではない。犬は好きだが、犬についてきちんと勉強しようと思ったのは、何を隠そう、三農に赴任することが決まってからだ。

教え子に、家族ぐるみでフリスビー・ドッグの大会に出ている子がいて、まずはその子とそのご両親に教えを仰ぐことにして、ほぼ毎週日曜日に三農まで来てもらった。そこからさらに警察犬の訓練士さんを紹介してもらい、競技会に出るためのシステム・トレーニングのやり方を教わったりするうちに、犬を通してだんだん横のつながりができていった。

ボーダーコリーのルークも、そうして我が家にやってきた。

名前は「スター・ウォーズ」のルーク・スカイウォーカーからとった。特に「スター・ウォーズ」が好きかと言えば、まったくそうではない。久しぶりに飼う犬だったから、カッコイイ名前にしたかったのだ。


子どもの頃、ペロという雑種の犬を飼っていた。

とにかく犬が飼いたくて、欲しい欲しいとねだったら、親が知り合いのところで生まれた子犬をもらってきてくれたのだ。ペロという名前も、自分でつけた。いかにも子どもがつけそうな名前だった。

最初のうちは、ただもう、犬が飼えることが嬉しくて、ものすごく可愛がった。でも、そのうちサッカーに夢中になり、散歩もえさやりも母親任せになっていった。これもまた、子どもにはありがちなことだ。

小学校1年生の時に我が家にやってきたペロは、高校2年生の時に11歳で亡くなった。

ペロが死んだ時のことは、今でもよく覚えている。

ちょうどテスト休みで、部活もなかったので、久しぶりに散歩に連れていったら、急に具合が悪くなって、バタンと倒れると、そのままその日のうちに逝ってしまった。

あまりに突然で、あっけない死だった。

年もとっていたし、具合の悪いところもあったけれど、そんなに悪いとは思っていなかった。「散歩に行くぞ」と言った時のペロは、とても嬉しそうにはしゃいで、むしろいつもより元気そうに見えた。

たぶん、ずっと待っていたんだと思う。サッカーの練習で忙しくて、いつもどこかに出かけて行く飼い主のことを。そう思ったら、いくらでも涙が出た。

なんでそんなに悪くなる前に気づいてやれなかったのか。なんで元気な時に、もっと散歩に行ってやらなかったのか。あんなにはしゃいでいたペロが、自分の腕の中で死んだ時、後悔ばかりが押し寄せてきた。可哀想で、申し訳なくて、もう二度と犬を飼うのはやめようと思った。だからもし三農に赴任して愛玩動物の担当にならなかったら、今でも犬は飼っていなかったかもしれない。

飼ってみると、やっぱりとても可愛かったけれど、ルークは決してあつかいやすい犬ではなかった。そのくせ運動能力も高かったから、ろくなしつけもせず、ただ甘やかすだけで育てたら、いわゆる問題行動のある犬になっていたかもしれない。

なにしろこっちも犬を飼うのは久しぶりだし、ちゃんと訓練するのは初めてみたいなものだから、これは自分の手に余ると思い、訓練士さんのところに2か月間、お願いすることにして、同時に、自分も訓練士さんから犬とのつきあい方を一からきちんと教わることにした。

嬉しいことに、やんちゃでどうしようもないと思っていたルークのことを、訓練士さんは「とてもいい犬だ」と言ってくれた。

実際、訓練士さんにきちんとしつけてもらったら、ルークは2か月で本当にいい犬になって帰ってきた。この時の体験は、犬というのは飼い主の接し方によってここまで変わるのだということを、まさに身を以て知る出来事になった。

訓練士さんから正しいしつけ方を教わってみると、プロは、実によく犬のことを観察していた。「つけ」で歩かせる訓練にしても、リードを引くその強さとタイミングで、犬に的確に意思が伝わる。教科書を読んだだけではわからない「あ・うんの呼吸」みたいなものを、実践で教わることができたのはありがたかった。

「クセがある犬の方が、実は大きく成長する可能性を秘めている」とその訓練士さんは言う。クセを、その犬の短所と決めつけてしまうのは早計で、そのクセこそがその犬の個性かもしれないのである。

これは、もしかしたら人間にもあてはまることかもしれない。

殺処分施設で動物たちの骨がゴミとして捨てられていると知った時、生徒たちはまず、そのことに驚き、本心から憤っていた。現実を目の当たりにしたこと、職員さんがそれを涙ながらに訴えてくれたことが、あの子たちの心に刺さったのだろう。

十代ならではの怒りやまっすぐな気持ちはあった方がいい。そこからいろんなものが大きく育つ可能性を秘めているから、そういうストレートな気持ちを、自分としても大事にしたいと思ってきた。

それには、教師として思うところがあったとしても一旦それは横に置いて、生徒たちにできるだけしゃべらせること。くだらないことも、そうでないことも、どんどん出させて、自分が何を思い、何を感じているのか、生徒たち自身に気づかせてやること。13

年間の教師生活で学んだことがあるとしたら、これだと思っている。

進路や就職先にしても、自分自身で決めないと、あとあと続かないで、結局はやめてしまうことが多い。なるべく自分で考え、自分の力で選ぶということが大事なのだ。それまでは、こっちは言いたいことがあっても我慢すること。

教師になったばかりの頃は、これができなかった。自分が指導しなければ、教えなければという気持ちが、どうしても先に来ていた。

じゃあ今はどうかと言えば、一緒にバカ話をして、悩む時も一緒に悩んで、自分としてはとにかく生徒たちが何でもしゃべれる状態にしておかないと、いろんな話も引き出せないと思ってはいるのだけれど、生徒たちにしたら、頼りになるんだかならないんだか「まあ、話しやすいからそれでよしとしよう」ぐらいに思っているんじゃないか。

初めて生徒たちを連れて殺処分施設を見学したのは2008年のことだった。

この時は愛玩動物研究室の有志の生徒6人を連れていった。動物科学科の校外授業の一環として連れていくようになったのはその翌年からで、将来、動物に関わる仕事に就く生徒も多いので、こういう現状があることを知ってもらうことで、自分たちに何ができるのか、少しでも今とは違う、いい方法を考えてほしいという思いがあった。

毎回生徒たちには感想を書かせるのだけれど「悲しんでいるだけではダメだ」ということを書いてくる子が多い。自分が飼っている犬や猫にできること、自分なりにこういうふうにしたいということを考えるきっかけになっている。

いのちの花プロジェクトをやることになったのは2012年、自分にとっては教師になってちょうど10年目のことだった。

とにかくやってみようと話し合っている時は、いいアイデアだと盛り上がった生徒たちも、実際に自分たちの手で犬の骨を砕くとなると、作業そのものの大変さだけでなく、大好きな犬を叩いてつぶしているような、それまでに体験したことのないつらさを体験することになった。

あまりにつらそうで、やめさせるべきではないか、自分がやろうとしていることは間違っているのではないかと何度も自問自答しながら、いや、やはりとめるべきではない、あの子たちは、今、このつらさと向き合うことで、命とは何かを真剣に考えているのだと思った。どんな花も種を蒔き、芽吹き、花が咲くまでに時間が要る。命について思いをめぐらせるにも、短いスパンではダメで、やはり時間が必要なのだ。

千葉は、とにかく明るくて、みんなの気持ちに添うようなことを発言してくれるムード・メーカー。向井は、視野が広く、文章が書ける子なので、プロジェクトの発案者であり、記録係でもあった。凜は、子どもの頃から犬が好きで、人見知りなところもあるけれど、自分の考えを言う時はハキハキとよくしゃべる。樹里祢は、クラスでも人気者で男子も引っ張っていくぐらいのリーダーシップを持っている。春乃は、向井や樹里祢と仲がよく、チームワークづくりによく貢献してくれていた。

実は、もうひとり、木崎《きざき》という生徒がいて、彼女はバスケ部のエースだったので、なかなか来られなかったのだけれど、イベントの時などに力を貸してくれた。

毎年開催される農業クラブの全国大会は「農業高校の甲子園」と言われ、各都道府県を通過した生徒たちが日頃の成果を発表し、日本一を目指す。

6月の県大会にこのメンバーで参加したことは、自分にとっても三農で過ごした日々のひとつの集大成だったと思っている。思えば3月に動物愛護センターに見学に行き、いのちの花プロジェクトを立ち上げ、6月の県大会まで無我夢中の3か月を過ごした。県大会の結果が惜しくも2位とわかった時は、生徒たちと一緒に泣いていた。

翌年、彼女たちの志を継いだ二期生が全国大会で最優秀賞を受賞。

いのちの花プロジェクトを広く知っていただくきっかけとなり、さあこれからという時だったが、自分は三農を離れることになった。

生徒たちを集め、異動の話をした。泣いている生徒もいて、自分としても去りがたい思いがあったけれど、ここからは生徒たちが自らの手で大きく育てていくことで、今以上にいいものになるよう、頑張ってほしいと願っている。

命とは何か――。

生徒たちに、もし自分から言えることがあるとしたら、どんな命も、それぞれの命をまっとうできるように、そこから考えていくしかない。

ルークを見てほしい。たとえば一頭の犬がいたとして、一般的には「この犬はダメな犬だ」と言われていたとしても、根気よく、きちんと向き合うことで、いい犬に変わるチャンスがある。どんな命も、きっと、そういう可能性を秘めている。

新しい赴任先である名久井農業高校生物生産科では、南部太葱という南部地方で古く親しまれてきた伝統野菜を復活させようというプロジェクトを担当している。

そう、また振り出しに戻ったというわけだ。

畜産科は廃止となり、この高校に動物はいないけれど、機会があれば、ルークを連れて行こうかと思っている。葱の勉強も、これから農業の先生方に一から教わることになるだろう。

でも心配はしていない。

これまでも出会った人たちに教えられ、学びながらやってきた。人間だけではない、あらゆる動物も、自然も、自分にとっては最良の教師だと思っている。

いのちの授業

振り返れば、それは「いのちの授業」でした。

動物や植物や生きているものたちと向き合いながら日々生活するというのは、こういうことなのか。

取材しながら、何度もそう思いました。

犬の1歳は、人間の17歳だと言います。1歳と6か月で人間の二十歳。そこからは1年に4歳ずつ年をとっていく。子どもの頃に、初めてそのことを知った時は本当に驚いてしまいました。一緒にいても、違う時間を生きている。やってきた時は子犬だったのに、いつの間にか追い越されて、あっという間に先に逝ってしまう。

人には人の時間があり、犬には犬の、花には花の時間があるということを、せわしなく暮らすうち、人はいつの間にか忘れてしまう。

それはたぶん時間に限ったことではなく、人間のルールだけであらゆるものを仕切ろうとするから息苦しくなるのではないか。

この世界はそんなちっぽけなものではない。本当はもっと大きくて、もっと深い。

三農で出会った人たちは、皆、そのことを体験的によく知っていました。

殺処分された犬や猫たちの骨がゴミとして捨てられるのはおかしい。

骨はゴミじゃない。

彼女たちがしたのは単に「骨を肥料にして花を咲かせる」ということだけではなかったのだと思います。

死は、沈黙です。

骨になってしまえば、何も語ることはできない。ゴミとして捨てられても、抗議する術もない。

いのちの花プロジェクトを通して、彼女たちは、理不尽な死を迎えるしかなかったたくさんの動物たちの声にならない声に、ひたすら耳を傾け続けたのだと思います。長いトンネルのようなあの時間こそが、実はとても大切ないのちの授業、鎮魂の時間だったのではないかという気がするのです。

大切な誰かを失った時、人はその死に対して「どうして」と語りかけずにはいられないものです。

どうしてもっと優しくしてやれなかったのか。

どうしてこんなふうに死なせてしまったのか。

死は、沈黙です。答えがないから、いくつもの「どうして」を人はそのまま抱えていくしかない。

つらく、苦しい自問自答かもしれない。でもそのことが、おそらく命を豊かにする。

命というのは「生」だけで語れるものではない、「死」の側から語り起こした時に初めて見えてくるものがあるのでしょう。

もう要らないと切り捨てられたたくさんの命を、もう一度大きな流れの中に還してあげたい。

人はたぶん求めすぎている、私は命を選びたくない——。

彼女たちが語ってくれたまっすぐな言葉の中に、人間が人間の時間だけを生きるうちに忘れてしまったいろんなものが見えたような気がしています。

人には人の時間があり、犬には犬の、花には花の時間があって、この世界は本当はそういう森羅万象のたくさんの命で溢れている。そのことを忘れたくない。そこからもう一度、始められることがあるのではないか。

三本木農業高校をはじめ、この本のためにお力を貸してくださった方たちに感謝します。

瀧 晴巳

2015年夏

殺処分頭数の推移

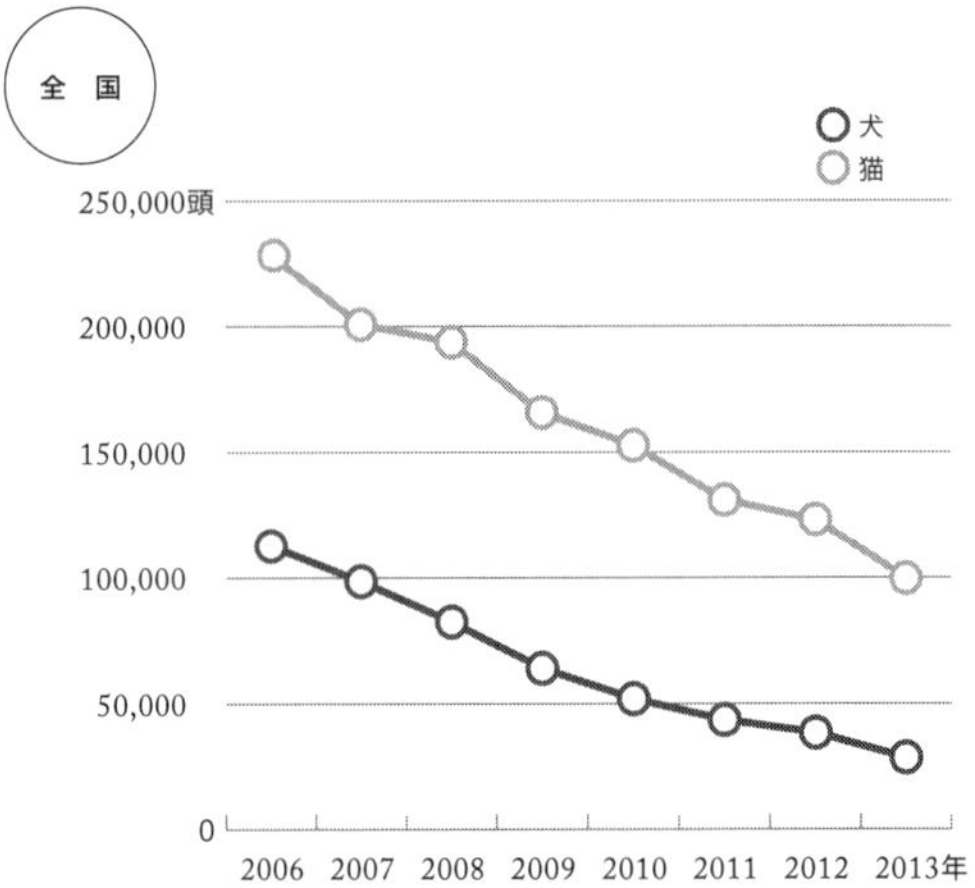

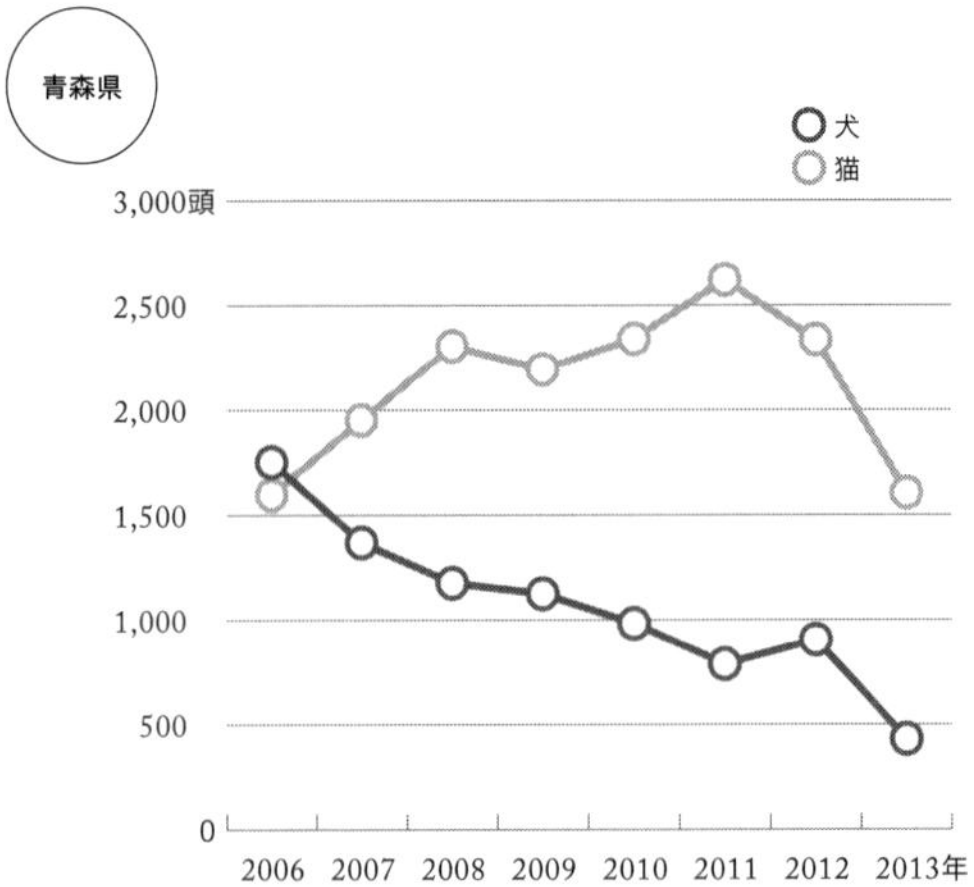

環境省、青森県動物愛護センターからのデータを元に作成

青森県立三本木農業高等学校沿革

明治31年10月24日	青森県農学校として創立。(獣医科、農科)
明治34年 4月 1日	青森県畜産学校と改称。
大正 8年 4月 1日	青森県立三本木農学校と改称。
昭和23年 4月 1日	青森県立三本木農業高等学校と改称。 農業・畜産・農業土木・林業・普通課程を置く。
昭和23年 6月14日	定時制課程を設置。
昭和42年 4月 1日	文部省指定自営者養成農業高等学校となる。
昭和44年10月20日	新校舎落成移転。(高清水)
昭和44年11月 6日	志岳寮第一回生入寮。
平成 3年 4月 1日	学科再編により7学科となる。 (農業・園芸・畜産・農業機械・農業土木・農業経済・生活科学)
平成10年 7月 7日	文部省指定農業経営者育成高等学校となる。
平成10年10月24日	創立100周年記念式典。
平成12年 4月 1日	畜産科を改編し動物科学科に改称。
平成18年 4月 1日	学科改編により6学科となる。 (植物科学・動物科学・農業機械・農業土木・農業経済・生活科学)
平成20年10月25日	創立110周年記念式典。 映画「三本木農業高校、馬術部」(佐々部清監督) 全国公開 (10月4日封切り)
平成22年 4月 1日	農業土木科を環境土木科に改称。

いのちの花プロジェクトの変革

平成24年 3月 7日	青森県動物愛護センター訪問。
平成24年 3月12日	「いのちの花プロジェクト」設立。
平成24年 4月 2日	動物愛護センターより骨の引き受け。
平成24年 4月 3日	いのちの花栽培作業スタート。
平成24年 5月20日	三農高と北里大学共催「わんわんフェスタ2012」開催。 「いのちの花プロジェクト」お披露目。初めて鉢をお渡しする。
平成24年 5月31日	介護老人保健施設「みちのく苑」へのふれあい活動。いのちの花お渡し。
平成24年 6月12日	「わんぱく広場保育園」訪問。
平成24年 6月14日	「いのちの花」花壇作り。「いのち」と象った文字入りの花壇を作る。
平成24年 9月24日	青森県動物愛護センター主催イベントで、 依頼を受けて初めての「いのちの花」の鉢の配布を行う。
平成24年11月23日	三農祭 (いのちの花展示と里親探し実施)
平成25年 3月 1日	「いのちの花プロジェクト」一期生卒業。
平成25年10月 3日	NHK「おはよう日本」にて紹介。
平成25年11月17日	フジテレビ「Mr.サンデー」にて紹介。
平成25年10月23～24日	第64回日本学校農業クラブ全国大会、意見発表競技会 区分、文化・生活において最優秀賞獲得。
平成26年 3月 1日	「いのちの花プロジェクト」二期生卒業。
平成26年 5月31日	日本動物愛護協会主催「第6回日本動物大賞」グランプリ受賞。
平成26年12月15日	「デーリー東北賞」受賞。
平成27年 3月 1日	「いのちの花プロジェクト」三期生卒業。

瀧 晴巳（たき・はるみ）

フリーライター。インタビュー・書評を中心に活躍。語りおろしの取材・構成も数多く手がけていて、吉本隆明著『15歳の寺子屋 ひとり』『フランシス子へ』、上橋菜穂子と共著『物語ること、生きること』、西原理恵子著『この世でいちばん大事な「カネ」の話』『スナックさいばら おんなのけものみち』シリーズ、かこさとし著『未来のだるまちゃんへ』、小川洋子・平松洋子対話集『洋子さんの本棚』、ヤマザキマリ著『国境のない生き方』などがある。

世界でいちばんかなしい花

それは青森の女子高生たちがペット殺処分ゼロを目指して咲かせた花

2015年9月30日　初版発行

著者　瀧 晴巳
編集人　樋原知則
発行人　久保忠佳
発行所　株式会社ギャンビット　出版事業部
〒104-0045 東京都中央区築地1-9-5
http://gambit.co.jp　http://gambit-ent.com
出版事業部：03-3547-6665
代表：03-3547-6644

編集：安部実奈（Gambit）
装丁・本文デザイン：キリサワヒロミ
取材協力：青森県立三本木農業高等学校、青森県動物愛護センター
写真提供：青森県立三本木農業高等学校
イラスト提供：freepik.com
編集協力：いのちの花プロジェクト関係者の皆様
タイトル・コピー：山根哲也

印刷・製本　シナノ印刷株式会社

ISBN 978-4-907462-16-1　C0095
Printed in Japan